智慧引领幸福

周国平 著

长江出版传媒　长江文艺出版社

幸福是一种一开始人人都自以为能够得到、最后没有一个人敢说已经拥有的东西。

——《幸福是相对的》

热爱生命是幸福之本,同情生命是道德之本,敬畏生命是信仰之本。

——《珍爱生命》

繁忙中清静的片刻是一种享受,而闲散中紧张创作的片刻则简直是一种幸福了。

——《创造的幸福》

　　诗意是栖居的本质,人如果没有了诗意,大地就会遭蹂躏,不再是家园,精神就会变平庸,不再有幸福。

——《诗意地栖居》

　　金钱最多只是我们获得幸福的条件之一，但永远不是充分条件，永远不能直接成为幸福。

——《谈钱》

人生原本就是有缺憾的，在人生中需要妥协。不肯妥协，和自己过不去，其实是一种痴愚，是对人生的无知。

——《平常心》

目 录

CONTENTS

前 言 / I

第一辑

幸福与价值观
/ 001

价值观的力量　　　　　　/ 003
幸福是灵魂的事　　　　　/ 007
活出真性情　　　　　　　/ 010
人生贵在行胸臆　　　　　/ 012
在义与利之外　　　　　　/ 015
内在的从容　　　　　　　/ 018
幸福是一种能力　　　　　/ 022

第二辑

享受生命
/ 025

珍爱生命 / 027
让生命回归单纯 / 031
保持生命的本色 / 033
生命本来没有名字 / 036
生命本身的享受 / 040
戏说欲望 / 043
平凡生活的价值 / 046
生命中不能错过什么 / 048
生活的减法 / 051
心灵的空间 / 053
神圣的休息日 / 055
休闲的时尚 / 057

第三辑

亲近自然
/ 059

亲近自然 / 061
自然的奥秘 / 066
当好自然之子 / 069
怀念土地 / 072
都市里的外乡人 / 074
旅 + 游 = 旅游? / 076
现代技术的危险何在? / 079
诗意地栖居 / 082

第四辑

财富与幸福
/ 085

金钱的好处 / 087
两种快乐的比较 / 089
谋财害命新解 / 092
消费＝享受？ / 094
谈　钱 / 097
不占有 / 105
习惯于失去 / 107
白兔和月亮 / 109
简单生活 / 110
精神栖身于茅屋 / 112

第五辑

成功与幸福
/ 115

成功是优秀的副产品 / 117
比成功更重要的 / 121
成功的真谛 / 124
职业和事业 / 126
做自己喜欢做的事 / 130
快乐工作的能力 / 133
创造的幸福 / 136
度一个创造的人生 / 139
最合宜的位置 / 141

第六辑

做自己的朋友
/ 143

自爱和自尊	/ 145
拥有"自我"	/ 148
成为你自己	/ 153
最好的朋友是你自己	/ 155
做自己的朋友	/ 157
与自己谈话的能力	/ 158
独处也是一种能力	/ 159
独处的充实	/ 163
往事的珍宝	/ 165
时光村落里的往事	/ 169
心灵的宁静	/ 173
安静的位置	/ 177
丰富的安静	/ 179

第七辑

自己身上的快乐源泉
/ 181

内在生活	/ 183
心灵也是一种现实	/ 186
自己身上的快乐源泉	/ 188
不做梦的人必定平庸	/ 189
理想主义永远不会过时	/ 192
梦并不虚幻	/ 196
好梦何必成真	/ 198
车窗外	/ 200

美的享受　　　　　　　　／ 202
阅读的快乐　　　　　　　／ 206
与大师为友　　　　　　　／ 213
读书的癖好　　　　　　　／ 217
愉快是基本标准　　　　　／ 220
做一个真正的读者　　　　／ 222
写作的理由　　　　　　　／ 225
养成写日记的习惯　　　　／ 230

第八辑

爱的幸福
／ 233

表达你心中的爱和善意　　／ 235
有爱心的人有福了　　　　／ 237
相遇是一种缘　　　　　　／ 239
什么是爱　　　　　　　　／ 243
婚姻的质量　　　　　　　／ 248
伴侣之情　　　　　　　　／ 251
迎来小生命　　　　　　　／ 253
亲子之爱　　　　　　　　／ 256
父母怎样爱孩子　　　　　／ 259
亲疏随缘　　　　　　　　／ 264

第九辑

做人的最高幸福
/ 267

做人和做事	/ 269
第一重要的是做人	/ 271
人品和智慧	/ 274
善良是第一品德	/ 278
做人的尊严	/ 282
人的高贵在于灵魂	/ 285
灵魂的追求	/ 287
信仰的核心	/ 291
信仰之光	/ 295
与世界建立精神关系	/ 298
拒绝光即已是惩罚	/ 301

第十辑

面对苦难
/ 303

正视苦难	/ 305
苦难与生命意义	/ 308
落难的王子	/ 310
以尊严的方式承受苦难	/ 311
人得救靠本能	/ 314
苦难中的智慧	/ 319
一天的难处一天担当	/ 322
做一个能够承受不幸的人	/ 323
面对苦难	/ 324

苦难的精神价值　　　　　　　/ 327

第十一辑

智慧引领幸福
/ 331

智慧与幸福　　　　　　　　/ 333
超脱的胸怀　　　　　　　　/ 337
与身外遭遇保持距离　　　　/ 341
平常心　　　　　　　　　　/ 344
宽待人性　　　　　　　　　/ 348
幽默是心灵的微笑　　　　　/ 350
幸福是相对的　　　　　　　/ 354
苦与乐的辩证法　　　　　　/ 357
和命运结伴而行　　　　　　/ 360
从一而终的女人　　　　　　/ 365
幸福的西绪弗斯　　　　　　/ 366

前　言

亚里士多德说："幸福是人的一切行为的终极目的，正是为了它，人们才做所有其他的事情。"这无非是说人人都想要幸福。然而，这个人人都想要的幸福，却似乎是一个难以捉摸的东西，若问究竟什么是幸福，不但人言人殊，而且很不容易说清楚。

幸福这个词，一般用来指一种令人非常满意的生活。什么样的生活令人满意，的确是因人而异的。有人因此说，幸福完全是一种主观感受，自己觉得幸福就是幸福。当然，主观满意度是幸福的必要条件，自己觉得不幸福的人，你不能说他是幸福的。但是，这不是充分条件。我们应该问一个问题：对于什么样的生活令人满意，人们的感受为什么如此不同？很显然，有一个东西在总体上支配着人们的主观感受，那就是价值观。价值观不对头的人，对幸福的感受必定是肤浅的，也是持久不了的。

为了使幸福的衡量有据可依，现在兴起了幸福指数的研究，试图给幸福制定客观标准。其方法大抵是列出若干因素，比如个人方面的收入、工作、家庭、健康、交往、休闲，社会方面的公平性、福利、文明、生态等等，给每一项规定一个分值，据此统计总分。作为尝试，这并无不可。我本人对幸福能否数据化持怀疑态度，并且要指出一点：对各个因素重要性的评价，所给的分值，归根到底也是取决于价值观。

由此可见，撇开价值观，幸福问题是说不清楚的。哲学正是立足于价值观来探讨幸福问题。在哲学史上，对幸福的理解大致分两派。快乐主义认为，幸福就是快乐，但强调生命本身的自然性质的快乐和精神的快乐。完善主义认为，幸福就是精神上或道德上的完善，但承认完善亦伴随着精神的快乐。两派的共同点是重生命、轻功利，重精神、轻物质。

无论是哲学家们的赐教，还是我自己的体悟，都使我得出一个结论：人身上最宝贵的价值是生命和精神，倘若这二者的状态是好的，即可称幸福。怎样才算好呢？我的看法是，生命若是单纯的，精神若是丰富的，便是好。所以，幸福在于生命的单纯和精神的丰富。现代人只从物质层面求幸福，却轻慢了人身上最宝贵的两种价值，结果并不幸福，毛病就出在价值观。

为了幸福，我们要保护好生命的单纯。人应该享受生命，但真正的享受生命是满足生命本身那些自然性质的需要，它们是单纯的，而超出自然需要的物欲却导致了生活的复杂，是痛苦的根源。人是自然之子，与自然和谐相处是人类幸福的永恒前提。在当今这个崇尚财富的时代，财富是促进幸福，还是导致不幸，取决于有无正确的财富观。

人是精神性存在，精神需要的满足是幸福更为重要的源泉。在物质生活有保障之后，幸福主要取决于精神生活的品质。良好的智力品质表现在智力活动的兴趣和习惯，在此基础上找到自己真正喜欢做的事，拥有属于自己的事业，这个意义上的成功才是会带来巨大幸福感的真成功。良好的情感品质表现在自我的充实，内在生活的丰富，爱的体验和能力，这是自己身上的快乐源泉。良好的灵魂品质表现在善良、高贵的品德，真诚的信仰，这是做人的最高幸福。

幸福是相对的，现实的人生必然包容痛苦和不幸。因此，承受苦难乃是寻求幸福之人必须具备的素质。也因此，在智慧的引领下，想明白人生的道理，与身外遭遇保持距离，与命运结伴而行，才能在寻求幸福之路上从容前行。

人人都在寻求幸福，通往幸福没有现成的路可走，我们必须探路。以上是我探路的心得，按照这个线索，我对以前写的文字做了选择和整理，又补充了一些新的文字，编成这本书，供别的探路者参考。

第一辑

幸福与价值观

价值观的力量

价值观的力量不可小看。说到底，人在世上活的就是一个价值观。对于个人来说，价值观决定了人生的境界。对于国家来说，价值观决定了文明的程度。人与人之间，国与国之间，利益的冲突只导致暂时的争斗，价值观的相悖才造成长久的鸿沟。

所以，在价值观的问题上，一个人必须认真思考，自己做主。

哲学就是价值观。柏拉图哲学的核心范畴是"善"（"好"），他笔下的苏格拉底总是在讨论一个问题：什么是好的生活？

按照我的理解，"好"有两个层次，一是快乐，即幸福，二是正当，即道德，二者构成了价值观的两大主题。在中国哲学中，道家侧重讨论前者，儒家侧重讨论后者。

我的价值观思考的出发点是：生命和精神是人身上最宝贵的东西，幸福和道德都要据此衡量。我得出的结论是：幸福在于生命的单纯和精神的丰富，道德在于生命的善良和精神的高贵。

一个人拥有自己明确的、坚定的价值观，这是一个基本要求。当然，这需要阅历和思考，并且始终是一个动态的过程。然而，你终究会发现，价值观完全不是抽象的东西，当你从自己所追求和珍惜的价值中获得巨大的幸福感之时，你就知道你是对的，因而不会觉得坚持是难事。

老天给了每个人一条命，一颗心，把命照看好，把心安顿好，人生即是圆满。

把命照看好，就是要保护生命的单纯，珍惜平凡生活。把心安顿好，就是要积累灵魂的财富，注重内在生活。

平凡生活体现了生命的自然品质，内在生活体现了生命的精神品质，把这两种生活过好，生命的整体品质就是好的。

换句话说，人的使命就是尽好老天赋予的两个主要职责，好好做自然之子，好好做万物之灵。

我一向认为，人最宝贵的东西，一是生命，二是心灵，而若能享受本真的生命，拥有丰富的心灵，便是幸福。这当然必须免去物质之忧，但并非物质越多越好，相反，毋宁说这二者的实现是以物质生活的简单为条件的。一个人把许多精力给了物质，就没有什么闲心来照看自己的生命和心灵了。诗意的生活一定是物质上简单的生活，这在古今中外所有伟大的诗人、哲人、圣人身上都可以得到印证。

人生有两大快乐。一是生命的快乐，例如健康、亲情、与自然的交融，这是生命本身的需要得到满足的快乐。另一是精神的快乐，包括智性、情感和信仰的快乐,这是人的高级属性得到满足的快乐。

物欲是社会刺激出来的,不是生命本身带来的,其满足诚然也是一种快乐,但是,与生命的快乐比,它太浅;与精神的快乐比,它太低。

人在世上生活能否有好的心态,在很大程度上取决于价值观。一个价值观正确而且坚定的人,他知道人生中什么是重要的,什么是不重要的,对重要的看得准、抓得住,对不重要的看得开、放得下,既积极又超脱,心态自然就好。相反,倘若价值观错误或动摇,大小事都纠结,心态怎么好得了。

价值观决定你到底要什么,而要什么一取决于你看重什么,二取决于你擅长什么。我和人打交道的能力比较弱,最怕搞人际关系,最怕去争什么。其实,我也不是那么清高,名利也是一种价值,有当然比没有好。关键是你更看重什么,如果为了名利让我失去我更看重的东西,那我就不会选择名利。一是我更看重自己喜欢的读书写作,二是我的社会活动能力比较弱,所以就只好忽视外在功利,更注重内心,结果发现这样更好。

只有你自己做了父母,品尝到了养育小生命的天伦之乐,你才会知道不做一回父母是多么大的损失。只有你走进了书籍的宝库,品尝到了与书中优秀灵魂交谈的快乐,你才会知道不读好书是多么大的损失。世上一切真正的好东西都是如此，你必须亲自去品尝，才会知道它们在人生中具有不可替代的价值。

看见那些永远在名利场上操心操劳的人，我常常心生怜悯，我对自己说：他们因为不知道世上还有很多更好的东西，所以才会把金钱、权力、名声这些次要的东西看得至高无上。

人的精力是有限的，有所为就必有所不为，而人与人之间的巨大区别就在于所为所不为的不同取向。

爱情和事业是人生幸福的两个关键项。爱着，创造着，这就够了。其余一切只是有了更好、没有亦可的副产品罢了。

我对幸福的看法日趋朴实了。在我看来，一个人若能做自己喜欢做的事，并且靠这养活自己，又能和自己喜欢的人在一起，并且使他（她）们也感到快乐，即可称幸福。

幸福是灵魂的事

在世上一切东西中，好像只有幸福是人人都想要的东西。你去问人们，想不想结婚、生孩子，或者想不想上大学、经商、出国，肯定会得到不同的回答。可是，如果你问想不想幸福，大约没有人会拒绝。而且，之所以有些人不想生孩子或经商等等，原因正在于他们认为这些东西并不能使他们幸福，想要这些东西的人则认为它们能够带来幸福，或至少是获得幸福的手段之一。也就是说，在相异的选择背后似乎藏着相同的动机，即都是为了幸福。而这同时也表明，人们对幸福的理解有多么不同。

幸福的确是一个极含糊的概念。人们往往把得到自己最想要的东西、实现自己最衷心的愿望称作幸福。然而，愿望不仅是因人而异的，而且同一个人的愿望也会发生变化。真的实现了愿望，得到了想要的东西，是否幸福也还难说，这要看它们是否确实带来了内心的满足和愉悦。费尽力气争取某种东西，争到了手却发现远不如想象的好，乃是常事。幸福与主观的愿望和心情如此紧相纠缠，当然就很难给它订一个客观的标准了。

我们由此倒可以确定一点：幸福不是一种纯粹客观的状态。我们不能仅仅根据一个人的外在遭遇来断定他是否幸福。他有很多钱，有别墅、汽车和漂亮的妻子，也许令别人羡慕，可是，如果他自己不感到幸福，你就不能硬说他幸福。既然他不感到幸福，事实上他也的确不幸福。外在的财富和遭遇仅是条件，如果不转化为内在的体验和心情，便不能称其为幸福。

如此看来，幸福似乎主要是一种内心快乐的状态。不过，它不是一般的快乐，而是非常强烈和深刻的快乐，以至于我们此时此刻会由衷地觉得活着是多么有意思，人生是多么美好。正是这样，幸福的体验最直接地包含着我们对生命意义的肯定评价。感到幸福，也就是感到自己的生命意义得到了实现。不管拥有这种体验的时间多么短暂，这种体验却总是指向整个一生的，所包含的是对生命意义的总体评价。当人感受到幸福时，心中仿佛响着一个声音："为了这个时刻，我这一生值了！"若没有这种感觉，说"幸福"就是滥用了大字眼。人身上必有一种整体的东西，是它在寻求、面对、体悟、评价整体的生命意义，我们只能把这种东西叫作灵魂。所以，幸福不是零碎和表面的情绪，而是灵魂的愉悦。正因为此，人一旦有过这种时刻和体验，便终生难忘了。

可以把人的生活分为三个部分：肉体生活，不外乎饮食男女；社会生活，包括在社会上做事以及与他人的交往；灵魂生活，即心灵对生命意义的沉思和体验。必须承认，前两个部分对于幸福也不是无关紧要的。如果不能维持正常的肉体生活，饥寒交迫，幸福未免是奢谈。在社会生活的领域内，做事成功带来的成就感，爱情和友谊的经历，都尤能使人发觉人生的意义，从而转化为幸福的体验。不过，亚里士多德认为，对于幸福来说，灵魂生活具有头等的重要性，因为其余的生活都要依赖外部条件，而它却是自足的。同时，它又是人身上最接近神的部分，从沉思中获得的快乐几乎相当于神的快乐。这意见从一个哲学家口中说出，我们很可怀疑是否带有职业偏见。但我们至少应该承认，既然一切美好的经历必须转化为内心的体验才成为幸福，那么，内心体验的敏感和丰富与否就的确是重要的，它决定了一个人感受幸福的能力。对于内心世界不同的人来说，相同的经历具有完全不同的意义，——因而事实上他们也就并不拥有相同的经历了。另一方面，一个习于沉思的智者，由于他透彻地思考了人生的意义和限度，便与自己的身外遭遇保持了一个距离，他的心境也就比较不易受到尘世祸福沉浮的扰乱。而他从沉思和智慧中获得的快乐，也的确是任何外在的变故不能剥夺的。考虑到天有不测风云，你不能说一种宽阔的哲人胸怀对于幸福是不重要的。

活出真性情

我的人生观若要用一句话概括,就是真性情。我从来不把成功看作人生的主要目标,觉得只有活出真性情才是没有虚度了人生。所谓真性情,一面是对个性和内在精神价值的看重,另一面是对外在功利的看轻。

一个人在衡量任何事物时,看重的是它们在自己生活中的意义,而不是它们能给自己带来多少实际利益,这样一种生活态度就是真性情。

人生中一切美好的事情,报酬都在眼前。爱情的报酬就是相爱时的陶醉和满足,而不是有朝一日缔结良缘。创作的报酬就是创作时的陶醉和满足,而不是有朝一日名扬四海。如果事情本身不能给人以陶醉和满足,就不足以称为美好。

为别人对你的好感、承认、报偿做的事,如果别人不承认,便等于零。为自己的良心、才能、生命做的事,即使没有一个人承认,也丝毫无损。

我之所以宁愿靠自己的本事吃饭,其原因之一是为了省心省力,不必去经营我所不擅长的人际关系了。

当我做着自己真正想做的事情的时候,别人的褒贬是不重要的。对于我来说，不存在正业副业之分，凡是出自内心需要而做的事情都是我的正业。

"定力"不是修炼出来的，它直接来自所做的事情对你的吸引力。我的确感到，读书、写作以及享受爱情、亲情和友情是天下最快乐的事情。人生有两大幸运，一是做自己喜欢做的事，另一是和自己喜欢的人在一起。所以，也可以说，我的"定力"来自我的幸运。

世上有味之事，包括诗，酒，哲学，爱情，往往无用。吟无用之诗，醉无用之酒，读无用之书，钟无用之情，终于成一无用之人，却因此活得有滋有味。

真实是最难的，为了它，一个人也许不得不舍弃许多好东西：名誉，地位，财产，家庭。但真实又是最容易的，在世界上，唯有它，一个人只要愿意，总能得到和保持。

成熟了，却不世故，依然一颗童心。成功了，却不虚荣，依然一颗平常心。兼此二心者，我称之为有真性情。

我不愿用情人脸上的一个微笑换取身后一个世代的名声。

人生贵在行胸臆

读袁中郎全集，感到清风徐徐扑面，精神阵阵爽快。

明末的这位大才子一度做吴县县令，上任伊始，致书朋友们道："吴中得若令也，五湖有长，洞庭有君，酒有主人，茶有知己，生公说法石有长老。"开卷读到这等潇洒不俗之言，我再舍不得放下了，相信这个人必定还会说出许多妙语。

我的期望没有落空。

请看这一段："天下有大败兴事三，而破国亡家不与焉。山水朋友不相凑，一败兴也。朋友忙，相聚不久，二败兴也。游非及时，或花落山枯，三败兴也。"

真是非常的飘逸。中郎一生最爱山水，最爱朋友，难怪他写得最好的是游记和书信。

不过，倘若你以为他只是个耽玩的倜傥书生，未免小看了他。《明史》记载，他在吴县任上"听断敏决，公庭鲜事"，遂整日"与士大夫谈说诗文，以风雅自命"。可见极其能干，游刃有余。但他是真风雅，天性耐不得官场俗务，终于辞职。后来几度起官，也都以谢病归告终。

我们或许可以把袁中郎称作享乐主义者，不过他所提倡的乐，乃是合乎生命之自然的乐趣，体现生命之质量和浓度的快乐。在他看来，为了这样的享乐，付出什么代价也是值得的，甚至这代价也成了一种快乐。

有两段话，极能显出他的个性的光彩。

在一处他说："世人所难得者唯趣。"尤其是得之自然的趣。他举出童子的无往而非趣，山林之人的自在度日，愚不肖的率心而行，作为这种趣的例子。然后写道："自以为绝望于世，故举世非笑之不顾也，此又一趣也。"凭真性情生活是趣，因此遭到全世界的反对又是趣，从这趣中更见出了怎样真的性情！

另一处谈到人生真乐有五，原文太精彩，不忍割爱，照抄如下：

"目极世间之色，耳极世间之声，身极世间之鲜，口极世间之谭，一快活也。堂前列鼎，堂后度曲，宾客满席，男女交舄，烛气熏天，珠翠委地，皓魄入帐，花影流衣，二快活也。箧中藏万卷书，书皆珍异。宅畔置一馆，馆中约真正同心友十余人，人中立一识见极高，如司马迁、罗贯中、关汉卿者为主，分曹部署，各成一书，远文唐宋酸儒之陋，近完一代未竟之篇，三快活也。千金买一舟，舟中置鼓吹一部，妓妾数人，游闲数人，泛家浮宅，不知老之将至，四快活也。然人生受用至此，不及十年，家资田产荡尽矣。然后一身狼狈，朝不谋夕，托钵歌妓之院，分餐孤老之盘，往来乡亲，恬不知耻，五快活也。"

前四种快活，气象已属不凡，谁知他笔锋一转，说享尽人生快乐以后，一败涂地，沦为乞丐，又是一种快活！中郎文中多这类飞来之笔，出其不意，又顺理成章。世人常把善终视作幸福的标志，其实经不起推敲。若从人生终结看，善不善终都是死，都无幸福可言。若从人生过程看，一个人只要痛快淋漓地生活过，不管善不善终，都称得上幸福了。对于一个洋溢着生命热情的人来说，幸福就在于最大限度地穷尽人生的各种可能性，其中也包括困境和逆境。极而言之，乐极生悲不足悲，最可悲的是从来不曾乐过，一辈子稳稳当当，也平平淡淡，那才是白活了一场。所以，与其贪图活得长久，不如争取活得痛快。中郎引惠开的话说："人生不得行胸臆，纵年百岁犹为夭。"就是这个意思。

中郎自己是个充满生命热情的人，他做什么事都兴致勃勃，好像不要命似的。爱山水，便说落雁峰"可值百死"；爱朋友，便叹"以友为性命"。他知道"世上希有事，未有不以死得者"，值得要死要活一番。读书读到会心处，便"灯影下读复叫，叫复读，僮仆睡者皆惊起"，真是忘乎所以。他爱少女，坦陈有"青娥之癖"。他甚至发起懒来也上瘾，名之"懒癖"。

关于癖，他说过一句极中肯的话："余观世上语言无味面目可憎之人，皆无癖之人耳。若真有所癖，将沉湎酣溺，性命死生以之，何暇及钱奴宦贾之事。"有癖之人，哪怕有的是怪癖恶癖，终归还保留着一种自己的真兴趣真热情，比起那班名利俗物来更是一个活人。当然，所谓癖是真正着迷，全心全意，死活不顾。譬如巴尔扎克小说里的于洛男爵，爱女色爱到财产名誉地位性命都可以不要，到头来穷困潦倒，却依然心满意足，这才配称好色，那些只揩油不肯作半点牺牲的偷香窃玉之辈是不够格的。

在义与利之外

"君子喻以义,小人喻以利。"中国人的人生哲学总是围绕着义利二字打转。可是,假如我既不是君子,也不是小人呢?

曾经有过一个人皆君子、言必称义的时代,当时或许有过"大义灭利"的真君子,但更常见的是假义之名逐利的伪君子和轻信义的旗号的迂君子。那个时代过去了。曾几何时,世风剧变,义的信誉一落千丈,真君子销声匿迹,伪君子真相毕露,迂君子豁然开窍,都一窝蜂奔利而去。据说观念更新,义利之辨有了新解,原来利并非小人的专利,倒是做人的天经地义。

"时间就是金钱!"这是当今的一句时髦口号。企业家以之鞭策生产,本无可非议。但世人把它奉为指导人生的座右铭,用商业精神取代人生智慧,结果就使自己的人生成了一种企业,使人际关系成了一个市场。

我曾经嘲笑廉价的人情味,如今,连人情味也变得昂贵而罕见了。试问,不花钱你可能买到一个微笑,一句问候,一丁点儿恻隐之心?

不过,无须怀旧。想靠形形色色的义的说教来匡正时弊,拯救世风人心,事实上无济于事。在义利之外,还有别样的人生态度。在君子小人之外,还有别样的人格。套孔子的句式,不妨说:"至人喻以情。"

义和利,貌似相反,实则相通。"义"要求人献身抽象的社会实体,

"利"驱使人投身世俗的物质利益，两者都无视人的心灵生活，遮蔽了人的真正的"自我"。"义"教人奉献，"利"诱人占有，前者把人生变成一次义务的履行，后者把人生变成一场权利的争夺，殊不知人生的真价值是超乎义务和权利之外的。义和利都脱不开计较，所以，无论义师讨伐叛臣，还是利欲支配众生，人与人之间的关系总是紧张。

如果说"义"代表一种伦理的人生态度，"利"代表一种功利的人生态度，那么，我所说的"情"便代表一种审美的人生态度。它主张率性而行，适情而止，每个人都保持自己的真性情。你不是你所信奉的教义，也不是你所占有的物品，你之为你仅在于你的真实"自我"。生命的意义不在奉献或占有，而在创造，创造就是人的真性情的积极展开，是人在实现其本质力量时所获得的情感上的满足。创造不同于奉献，奉献只是完成外在的责任，创造却是实现真实的"自我"。至于创造和占有，其差别更是一目了然，譬如写作，占有注重的是作品所带来的名利地位，创造注重的只是创作本身的快乐。有真性情的人，与人相处唯求情感的沟通，与物相触独钟情趣的品味。更为可贵的是，在世人匆忙逐利又为利所逐的时代，他待人接物有一种闲适之情。我不是指中国士大夫式的闲情逸致，也不是指小农式的知足保守，而是指一种不为利驱、不为物役的淡泊的生活情怀。仍以写作为例，我想不通，一个人何必要著作等身呢？倘想流芳千古，一首不朽的小诗足矣。倘无此奢求，则只要活得自在即可，写作也不过是这活得自在的一种方式罢了。

王尔德说："人生只有两种悲剧，一是没有得到想要的东西，另一是得到了想要的东西。"我曾经深以为然，并且佩服他把人生的可悲境遇表述得如此轻松俏皮。但仔细玩味，发现这话的立足点仍是占有，所以才会有占有欲未得满足的痛苦和已得满足的无聊这双重悲剧。如果把立足点移到创造上，以审美的眼光看人生，我们岂不可以反其意而说：人生中有两种快乐，一是没有得到想要的东西，于是你可以去寻求和创造；另一是得到了想要的东西，于是你可以去品味和体验？当然，人生总有其不可消除的痛苦，而重情轻利的人所体味到的辛酸悲哀，更为逐利之辈所梦想不到。但是，摆脱了占有欲，至少可以使人免除许多琐屑的烦恼和渺小的痛苦，活得有器量些。我无意以审美之情为救世良策，而只是表达了一个信念：在义与利之外，还有一种更值得一过的人生。这个信念将支撑我度过未来吉凶难卜的岁月。

内在的从容

无论你多么热爱自己的事业，也无论你的事业是什么，你都要为自己保留一个开阔的心灵空间，一种内在的从容和悠闲。唯有在这个心灵空间中，你才能把你的事业作为你的生命果实来品尝。如果没有这个空间，你永远忙碌，你的心灵永远被与事业相关的各种事务所充塞，那么，不管你在事业上取得了怎样的外在成功，你都只是损耗了你的生命而没有品尝到它的果实。

凡心灵空间的被占据，往往是出于逼迫。如果说穷人和悲惨的人是受了贫穷和苦难的逼迫，那么，忙人则是受了名利和责任的逼迫。名利也是一种贫穷，欲壑难填的痛苦同样具有匮乏的特征，而名利场上的角逐同样充满生存斗争式的焦虑。所以，一个忙人很可能是一个心灵上的穷人和悲惨的人。

光阴似箭，然而只是对于忙人才如此。日程表排得满满的，永远有做不完的事，这时便会觉得时间以逼人之势驱赶着自己，几乎没有喘息的工夫。

相反，倘若并不觉得有非做不可的事情，心静如止水，光阴也就停住了。永恒是一种从容的心境。

在现代社会里生活，忙也许是常态。但是，常态之常，指的是经常，而非正常。倘若被常态禁锢，把经常误认作正常，心就会在忙中沉沦和迷失。警觉到常态未必正常，在忙中保持心的从容，这是一种觉悟，也是一种幸福。

对于忙，我始终有一种警惕。我确立了两个界限，第一要忙得愉快，只为自己真正喜欢的事忙，第二要忙得有分寸，做多么喜欢的事也不让自己忙昏了头。其实，正是做自己喜欢的事，更应该从容，心灵是清明而活泼的，才会把事情做好，也才能享受做事的快乐。

从容中有一种神性。在从容的心境中，我们得以领悟上帝的作品，并以之为榜样来创作人类的作品。没有从容的心境，我们的一切忙碌就只是劳作，不复有创造；一切知识的追求就只是学术，不复有智慧；一切成绩就只是功利，不复有心灵的满足；甚至一切宗教活动也只成了世俗的事务，不复有真正的信仰。没有从容的心境，无论建立起多么辉煌的物质文明，我们过的仍是野蛮的生活。

在现代商业社会中，人们活得愈来愈匆忙，哪里有工夫去注意草木发芽、树叶飘落这种小事，哪里有闲心用眼睛看，用耳朵听，用心灵感受。

时间就是金钱，生活被简化为尽快地赚钱和花钱。沉思未免奢侈，回味往事简直是浪费。一个古怪的矛盾：生活节奏加快了，然而没有生活。天天争分夺秒，岁岁年华虚度，到头来发现一辈子真短。怎么会不短呢？没有值得回忆的往事，一眼就望到了头。

有钱又有闲当然幸运，倘不能，退而求其次，我宁做有闲的穷人，不做有钱的忙人。我爱闲适胜于爱金钱。金钱终究是身外之物，闲适却使我感到自己是生命的主人。

春华秋实，万物都遵循自然的节奏，我们的祖先也是如此。但是，现代人却相反，总是急急忙忙怕耽误了什么，总是遗憾有许多事情来不及做。

尤其你从事的是精神的创造，何妨也悠然而行，让精神的果实依照自然的节奏成熟。事实上，一切伟大作品的诞生，都一定有这样一个孕育的过程。做一个心满意足的好孕妇，是精神创造者的最佳状态。

分秒必争，时间就是金钱；醉生梦死，今朝有酒今朝醉；纠缠于眼前的凡人琐事，热衷于网上的八卦星闻——这些似乎都是活在"当下"。然而，这个"当下"只是时间的碎片，活在这个"当下"的也只是"自我"的假象。

真正的活在"当下"，恰恰是要摆脱功利、欲望、纷争、信息的干扰，回归生命的单纯，获得内在的宁静。这样，每一个"当下"都是生命本真状态的显现，因而即是永恒，而"自我"也因为与存在的整体连通而有了实质。

天地悠悠，生命短促，一个人一生的确做不成多少事。明白了这一点，就可以善待自己，不必活得那么紧张匆忙了。但是，也正因为明白了这一点，就可以不抱野心，只为自己高兴而好好做成几件事了。

世上事大抵如此，永远未完成，而在未完成中，生活便正常地进行着。所谓不了了之，不了就是了之，未完成是生活的常态。

生而为人，忙于人类的事务本无可非议，重要的是保持心的从容。

一天是很短的。早晨的计划，晚上发现只完成很小一部分。一生也是很短的。年轻时的心愿，年老时发现只实现很小一部分。

今天的计划没完成，还有明天。今生的心愿没实现，却不再有来世了。所以，不妨榨取每一天，但不要苛求绝无增援力量的一生。要记住：人一生能做的事情不多，无论做成几件，都是值得满意的。

幸福是一种能力

幸福只是灵魂的事，肉体只会有快感，不会有幸福感。

灵魂是感受幸福的"器官"，任何外在经历必须有灵魂参与才成其为幸福。

内心世界的丰富、敏感和活跃与否决定了一个人感受幸福的能力。在此意义上，幸福是一种能力。

在我看来，所谓成功是指把自己真正喜欢的事情做好，其前提是首先要有自己真正的爱好，即自己的真性情，舍此便只是名利场上的生意经。而幸福则主要是一种内心体验，是心灵对于生命意义的强烈感受，因而也是以心灵的感受力为前提的。所以，比成功和幸福都更重要的是，一个人必须有一个真实的自我，一颗饱满的灵魂，它决定了一个人争取成功和体验幸福的能力。

世界是大海，每个人是一只容量基本确定的碗，他的幸福便是碗里所盛的海水。我看见许多可怜的小碗在海里拼命翻腾，为的是舀到更多的水，而那为数不多的大碗则很少动作，看上去几乎是静止的。

英国哲学家约翰·穆勒说：不满足的人比满足的猪幸福，不满足的苏格拉底比满足的傻瓜幸福。

人和猪的区别就在于，人有灵魂，猪没有灵魂。苏格拉底和傻瓜的区别就在于，苏格拉底的灵魂醒着，傻瓜的灵魂昏睡着。灵魂生活开始于不满足。不满足于什么？不满足于像动物那样活着。正是在这不满足之中，人展开了对意义的寻求，创造了丰富的精神世界。

那么，何以见得不满足的人比满足的猪幸福呢？穆勒说，因为前者的快乐更丰富，但唯有兼知两者的人才能做出判断。也就是说，如果你是一头满足的猪，跟你说了也白说。我不是骂任何人，因为我相信，每个人身上都藏着一个不满足的苏格拉底。

人生意义取决于灵魂生活的状况。其中，世俗意义——即幸福——取决于灵魂的丰富，神圣意义——即德性——取决于灵魂的高贵。

人生的价值，可用两个词来代表，一是幸福，二是优秀。优秀，就是人之为人的精神禀赋发育良好，成为人性意义上的真正的人。幸福，最重要的成分也是精神上的享受，因而是以优秀为前提的。由此可见，二者皆取决于人性的健康生长和全面发展。

经历过巨大苦难的人有权利证明，创造幸福和承受苦难属于同一种能力。没有被苦难压倒，这不是耻辱，而是光荣。

有无爱的欲望，能否感受生的乐趣，归根到底是一个内在的生命力的问题。

幸福是一个心思诡谲的女神，但她的眼光并不势利。权力能支配一切，却支配不了命运。金钱能买来一切，却买不来幸福。

人生最美好的享受都依赖于心灵能力，是钱买不来的。钱能买来名画，买不来欣赏；能买来色情服务，买不来爱情；能买来豪华旅游，买不来旅程中的精神收获。金钱最多只是获得幸福的条件之一，永远不是充分条件，永远不能直接成为幸福。

第二辑

享受生命

珍爱生命

热爱生命是幸福之本,同情生命是道德之本,敬畏生命是信仰之本。

人生的意义,在世俗层次上即幸福,在社会层次上即道德,在超越层次上即信仰,皆取决于对生命的态度。

生命是宇宙间的奇迹,它的来源神秘莫测。生命是进化的产物,还是上帝的创造?这并不重要。重要的是用你的心去感受这奇迹。于是,你便会懂得欣赏大自然中的生命现象,用它们的千姿百态丰富你的心胸。于是,你便会善待一切生命,从每一个素不相识的人,到一头羚羊,一只昆虫,一棵树,从心底里产生万物同源的亲近感。于是,你便会怀有一种敬畏之心,敬畏生命,也敬畏创造生命的造物主,不管人们把它称作神还是大自然。

生命是最基本的价值。一个简单的事实是,每个人只有一条命,在无限的时空中,再也不会有同样的机会,所有因素都恰好组合在一起,来产生这一个特定的个体了。同时,生命又是人生其他一切价值的前提,没有了生命,其他一切都无从谈起。

由此得出的一个当然的结论是,对于每一个人来说,生命是最珍贵的。因此，对于自己的生命，我们当知珍惜，对于他人的生命，我们当知关爱。

这个道理似乎是不言而喻的。可仔细想一想，有多少人一辈子只把自己当作赚钱的机器，何尝把自己真正当作生命来珍惜；又有多少人只用利害关系的眼光估量他人的价值，何尝把他人真正当作生命去关爱。

"生命"是一个美丽的词，但它的美被琐碎的日常生活掩盖住了。我们活着，可是我们并不是时时对生命有所体验的。相反，这样的时候很少。大多数时候，我们倒是像无生命的机械一样活着。

人们追求幸福，其实，还有什么时刻比那些对生命的体验最强烈最鲜明的时刻更幸福呢？当我感觉到自己的肢体和血管里布满了新鲜的、活跃的生命之时，我的确认为，此时此刻我是世上最幸福的人了。

生命平静地流逝，没有声响，没有浪花，甚至连波纹也看不见，无声无息。我多么厌恶这平坦的河床，它吸收了任何感觉。突然，遇到了阻碍，礁岩崛起，狂风大作，抛起万丈浪。我活着吗？是的，这时候我才觉得我活着。

生命害怕单调甚于害怕死亡，仅此就足以保证它不可战胜了。它为了逃避单调必须丰富自己，不在乎结局是否徒劳。

生命是我们最珍爱的东西，它是我们所拥有的一切的前提，失去了它，我们就失去了一切。生命又是我们最忽略的东西，我们对于自己拥有它实在太习以为常了，而一切习惯了的东西都容易被我们忘记。因此，人们在道理上都知道生命的宝贵，实际上却常常做一些损害生命的事情，抽烟，酗酒，纵欲，不讲卫生，超负荷工作等等。因此，人们为虚名浮利而忙碌，却舍不得花时间来让生命本身感到愉快，来做一些实现生命本身价值的事情。往往是当我们的生命真正受到威胁的时候，我们才幡然醒悟，生命的不可替代的价值才突现在我们的眼前。但是，有时候醒悟已经为时太晚，损失已经不可挽回。

生命不同季节的体验都是值得珍惜的，它们是完整的人生体验的组成部分。一个人在任何年龄段都可以有人生的收获，岁月的流逝诚然令人悲伤，但更可悲的是自欺式的年龄错位。

生命原是人的最珍贵的价值。可是，在当今的时代，其他种种次要的价值取代生命成了人生的主要目标乃至唯一目标，人们耗尽毕生精力追逐金钱、权力、名声、地位等等，从来不问一下这些东西是否使生命获得了真正的满足。

生命原是一个内容丰富的组合体，包含着多种多样的需要、能力、冲动，其中每一种都有独立的存在和价值，都应该得到实现和满足。可是，现实的情形是，多少人的内在潜能没有得到开发，他们的生命早早地就纳入了一条狭窄而固定的轨道，并且以同样的方式把自己的子女也培养成片面的人。

事实上，绝大多数人的潜能有太多未被发现和运用。由于环境的逼迫、利益的驱使或自身的懒惰，人们往往过早地定型了，把偶然形成的一条窄缝当成了自己的生命之路，只让潜能中极小一部分从那里释放，绝大部分遭到了弃置。人们是怎样轻慢地亏待自己只有一次的生命啊！

不论电脑怎样升级，我只是用它来写作，它的许多功能均未被开发。我们的生命何尝不是如此？

在市声尘嚣之中，生命的声音已经久被遮蔽，无人理会。

让我们都安静下来，每个人都向自己身体和心灵的内部倾听，听一听自己的生命在说什么，想一想自己的生命究竟需要什么。

让生命回归单纯

人来到世上,首先是一个生命。生命,原本是单纯的。可是,人却活得越来越复杂了。许多时候,我们不是作为生命在活,而是作为欲望、野心、身份、称谓在活;不是为了生命在活,而是为了财富、权力、地位、名声在活。这些社会堆积物遮蔽了生命,我们把它们看得比生命更重要,为之耗费一生的精力,不去听也听不见生命本身的声音了。

人是自然之子,生命遵循自然之道。人类必须在自然的怀抱中生息,无论时代怎样变迁,春华秋实、生儿育女永远是生命的基本内核。你从喧闹的职场里出来,走在街上,看天际的云和树影,回到家里,坐下来和妻子儿女一起吃晚饭,这时候你重新成为一个生命。

让生命回归单纯,这不但是一种生活艺术,而且是一种精神修炼。

人不只有一个肉身的外在生命,更有一个超越于肉身的内在生命,它被恰当地称作灵魂。外在生命来自自然,内在生命应该有更高的来源,不妨称之为神。二者的辩证关系是,只有外在生命状态单纯之时,内在生命才会向你开启,你活得越简单,你离神就越近。在一定意义上,人生觉悟就在于透过社会堆积物去发现你的自然的外在生命,又透过外在生命去发现你的内在生命,灵魂一旦敞亮,你的全部人生就有了明灯和方向。

保持生命的本色

动物服从于自然，它对物质条件的需求，它与别的生命的竞争，都在自然需要的限度之内。人却不同，只有在人类之中，才有超出自然需要的贪婪和残酷。

如果说这是因为上天给了人超出动物的特殊能力，这个特殊能力岂不用错了地方，上天把人造就为万物之灵，岂不反而成了对人的惩罚？

事情当然不应该是如此。由此可以得出一个结论：人应该把自己的特殊能力更多地用在精神领域，无愧于万物之灵的身份，而在物质领域则应该向动物学习，满足于自然需要，保持自然之子的本色。倘若这样，人世间不知会减去多少罪恶和纷争。

贬低人的动物性也许是文化的偏见，动物状态也许是人所能达到的最单纯的状态。

在事物上有太多理性的堆积物：语词、概念、意见、评价等等。在生命上也有太多社会的堆积物：财富、权力、地位、名声等等。天长日久，堆积物取代本体，组成了一个牢不可破的虚假的世界。

从生命的观点看，现代人的生活有两个弊病。一方面，文明为我们创造了越来越优裕的物质条件，远超出维持生命之所需，那超出的部分固然提供了享受，但同时也使我们的生活方式变得复杂，离生命在自然界的本来状态越来越远。另一方面，优裕的物质条件也使我们容易沉湎于安逸，丧失面对巨大危险的勇气和坚强，在精神上变得平庸。我们的生命远离两个方向上的极限状态，向下没有承受匮乏的忍耐力，向上没有挑战危险的爆发力，躲在舒适安全的中间地带，其感觉日趋麻木。

在中国传统哲学中，最重视生命价值的学派是道家。《淮南王书》把这方面的思想概括为"全性保真，不以物累形"，庄子也一再强调要"不失其性命之情""任其性命之情"，相反的情形则是"丧己于物，失性于俗者，谓之倒置之民"。在庄子看来，物欲与生命是相敌对的，被物欲控制住的人是与生命的本性背道而驰的，因而是颠倒的人。

你说，得活出个样儿来。我说，得活出个味儿来。名声地位是衣裳，不妨弄件穿穿。可是，对人对己都不要"衣帽取人"。衣裳换来换去，我还是我。脱尽衣裳，男人和女人更本色。

凡是出于自然需要而形成的人际关系，本来都应该是单纯的，之所以变得复杂，往往是权力、金钱等因素掺入其中甚至起了支配作用的结果。

如果人人——或者多数人——都能保持生命的单纯，彼此也以单纯的生命相待，这会是一个多么美好的社会。

生命本来没有名字

这是一封读者来信,从一家杂志社转来的。每个作家都有自己的读者,都会收到读者的来信,这很平常。我不经意地拆开了信封。可是,读了信,我的心在一种温暖的感动中战栗了。

请允许我把这封不长的信抄录在这里——

不知道该怎样称呼您,每一种尝试都令自己沮丧,所以就冒昧地开口了,实在是一份由衷的生命对生命的亲切温暖的敬意。

记住你的名字大约是在七年前,那一年翻看一本《父母必读》,上面有一篇写孩子的或者是写给孩子的文章,是印刷体却另有一种纤柔之感,觉得您这个男人的面孔很别样。

后来慢慢长大了,读您的文章便多了,常推荐给周围的人去读,从不多聒噪什么,觉得您的文章和人似乎是很需要我们安静地去读,因为什么,却并不深究下去了。

这回读您的《时光村落里的往事》,恍若穿行乡村,沐浴到了最干净最暖和的阳光。我是一个卑微的生命,但我相信您一定愿意静静地听这个生命说:"我愿意静静地听您说话……"我从不愿把您想象成一个思想家或散文家,您不会为此生气吧。

也许再过好多年之后,我已经老了,那时候,我相信为了年轻时读过的您的那些话语,我要用心说一声:谢谢您!

信尾没有落款,只有这一行字:"生命本来没有名字吧,我是,你是。"我这才想到查看信封,发现那上面也没有寄信人的地址,作为替代的是"时光村落"四个字。我注意了邮戳,寄自河北怀来。

从信的口气看,我相信写信人是一个很年轻的刚刚长大的女孩,一个生活在穷城僻镇的女孩。我不曾给《父母必读》寄过稿子,那篇使她和我初次相遇的文章,也许是这个杂志转载的,也许是她记错了刊载的地方,不过这都无关紧要。令我感动的是她对我的文章的读法,不是从中寻找思想,也不是作为散文欣赏,而是一个生命静静地倾听另一个生命。所以,我所获得的不是一个作家的虚荣心的满足,而是一个生命被另一个生命领悟的温暖,一种暖入人性根底的深深的感动。

"生命本来没有名字"——这话说得多么好!我们降生到世上,有谁是带着名字来的?又有谁是带着头衔、职位、身份、财产等等来的?可是,随着我们长大,越来越深地沉溺于俗务琐事,已经很少有人能记起这个最单纯的事实了。我们彼此以名字相见,名字又与头衔、身份、财产之类相连,结果,在这些寄生物的缠绕之下,生命本身隐匿了,甚至萎缩了。无论对己对人,生命的感觉都日趋麻痹。多数时候,我们只是作为一个称谓活在世上。即使是朝夕相处的伴侣,也难得以生命的本然状态相待,更多的是一种伦常和习惯。浩瀚宇宙间,也许只有我们的星球开出了生命的花朵，可是，在这个幸运的星球上，比比皆是利益的交换，身份的较量，财产的争夺，最罕见的偏偏是生命与生命的相遇。仔细想想，我们是怎样地本末倒置，因小失大，辜负了造化的宠爱。

是的——我是，你是，每一个人都是一个多么普通又多么独特的生命，原本无名无姓，却到底可歌可泣。我、你、每一个生命都是那么偶然地来到这个世界上，完全可能不降生，却降生了，然后又将必然地离去。想一想世界在时间和空间上的无限，每一个生命的诞生的偶然，怎能不感到一个生命与另一个生命的相遇是一种奇迹呢。有时我甚至觉得，两个生命在世上同时存在过，哪怕永不相遇，其中也仍然有一种令人感动的因缘。我相信，对于生命的这种珍惜和体悟乃是一切人间之爱的至深的源泉。你说你爱你的妻子，可是，如果你不是把她当作一个独一无二的生命来爱，那么你的爱还是比较有限。你爱她的美丽、温柔、贤惠、聪明，当然都对，但这些品质在别的女人身上也能找到。唯独她的生命，作为一个生命体的她，却是在普天下的女人身上也无法重组或再生的，一旦失去，便是不可挽回地失去了。世上什么都能重复，恋爱可以再谈，配偶可以另择，身份可以炮制，钱财可以重挣，甚至历史也可以重演，唯独生命不能。愈是精微的事物愈不可重复，所以，与每一个既普通又独特的生命相比，包括名声地位财产在内的种种外在遭遇实在粗浅得很。

既然如此，当另一个生命，一个陌生得连名字也不知道的生命，远远地却又那么亲近地发现了你的生命，透过世俗功利和文化的外观，向你的生命发出了不求回报的呼应,这岂非人生中令人感动的幸遇?

所以,我要感谢这个不知名的女孩,感谢她用她的安静的倾听和领悟点拨了我的生命的性灵。她使我愈加坚信,此生此世,当不当思想家或散文家,写不写得出漂亮文章,真是不重要。我唯愿保持住一份生命的本色,一份能够安静聆听别的生命也使别的生命愿意安静聆听的纯真,此中的快乐远非浮华功名可比。

很想让她知道我的感谢,但愿她读到这篇文章。

生命本身的享受

人生有许多出于自然的享受,例如爱情、友谊、欣赏大自然、艺术创造等等,其快乐远非虚名浮利可比,而享受它们也并不需要太多的物质条件。我把这类享受称作对生命本身的享受。

生命所需要的,无非空气、阳光、健康、营养、繁衍,千古如斯,古老而平凡。但是,骄傲的人啊,抛开你的虚荣心和野心吧,你就会知道,这些最简单的享受才是最醇美的。

愈是自然的东西,就愈是属于我的生命的本质,愈能牵动我的至深的情感。例如,女人和孩子。

现代人享受的花样愈来愈多了。但是,我深信人世间最甜美的享受始终是那些最古老的享受。

每一个人对于自己的生命,第一有爱护它的责任,第二有享受它的权利,而这两方面是统一的。世上有两种人对自己的生命最不知爱护也最不善享受,其一是工作狂,其二是纵欲者,他们其实是在以不同的方式透支和榨取生命。

自然赋予人的一切生命欲望皆无罪，禁欲主义最没有道理。我们既然拥有了生命，当然有权享受它。但是，生命享受和物欲是两回事。一方面，生命本身对于物质资料的需要是有限的，物欲绝非生命本身带来的，而是社会刺激起来的。另一方面，生命享受的疆域无比宽广，相比之下，物欲的满足就太狭窄了。那些只把生命用来追求物质的人，实际上既怠慢了自己生命的真正需要，也剥夺了自己生命享受的广阔疆域。

只有一次的生命是人生最宝贵的财富，但许多人宁愿用它来换取那些次宝贵或不甚宝贵的财富，把全部生命耗费在学问、名声、权力或金钱的积聚上。他们临终时当如此悔叹："我只是使用了生命，而不曾享受生命！"

健康是为了活得愉快，而不是为了活得长久。活得愉快在己，活得长久在天。
而且，活得长久本身未必是愉快。

生命是否健康，要看整体的状态。一个盲人，他虽然看不见缤纷的色彩，但能用其余更敏锐的感官欣赏鸟儿的啁啾、花儿的芳香、微风的吹拂，他有和睦的家庭，踏实的工作，宁静的心境，他的生命在整体上就是健康的。相反，一个感官健全的人，倘若他总是在名利场折腾，在娱乐场鬼混，不再有时间和心情享受自然赐予的快乐，他的生命在整体上就是病态的。

金钱能带来物质享受，但算不上最高的物质幸福。最高的物质幸福是什么？我赞成托尔斯泰的见解：对人类社会来说，是和平；对个人来说，是健康。在一个时刻遭受战争和恐怖主义的威胁的世界上，经济再发达又有什么用？如果一个人的生命机能被彻底毁坏了，钱再多又有什么用？所以，我在物质上的最高奢望就是，在一个和平的世界上，有一个健康的身体，过一种小康的日子。在我看来，如果天下大多数人都能过上这种日子，那就是一个非常美好的世界了。

夜里睡了一个好觉，早晨起来又遇到一个晴朗的日子，便会有一种格外轻松愉快的心情，好像自己变年轻了，而且会永远年轻下去。

戏说欲望
——在巴黎之花晚宴上的讲话

今天的晚宴设计了六个话题,分别请六个人讲,刚才五位朋友讲了前五个话题,按照主办方的安排,现在我来讲最后一个。据我所知,原先拟定的话题里有"婚姻",可是,婚姻好像是一个尴尬的话题,没人肯认领。这也难怪,因为,如果你赞美婚姻,等于是你在证明自己的平庸,如果你抨击婚姻,又等于是你在控诉自己的配偶,反正怎么说都不对。结果,"婚姻"被"回忆"取代。

这颇具讽刺意味。在现实生活中,回忆正是婚姻的避难所:当我们对婚姻发生动摇时,我们就回忆曾有的爱情,来坚定自己的信心;当我们对婚姻感到绝望时,我们就回忆从前的情人,来安慰——确切地说是加深——自己的痛苦。

但是,这恰恰证明,在人生舞台上,婚姻是一个多么重要的角色,给了我们多么复杂的感受,不该缺席。所以,在向大家介绍一个新角色之前,我首先要恢复它的位置,而让"回忆"靠边站。

那么,人生舞台上的角色有这么五位:爱情,婚姻,幸福,浪漫,生活。现在我想告诉大家的是,我发现,这五位角色其实都是一位真正的主角的面具，是这位真正的主角在借壳表演，它的名字就叫——"欲望"。

什么是爱情？爱情就是欲望罩上了一层温情脉脉的面纱。

什么是婚姻？婚姻就是欲望戴上了一副名叫忠诚的镣铐，立起了一座名叫贞洁的牌坊。

什么是幸福？幸福是欲望在变魔术，给你变出海市蜃楼，让你无比向往，走到跟前一看，什么也没有。

所谓浪漫，不过是欲望在玩情调罢了。

玩情调玩腻了，欲望说：让我们好好过日子吧。这就叫"生活"。

欲望在人生中起这么重大的作用，它是好还是坏呢？

许多哲学家认为欲望是一个坏东西，理由有二。一是说它虚幻。比如，叔本华说：欲望不满足就痛苦，满足就无聊，人生如同钟摆在痛苦和无聊之间摆动。萨特说：人是一堆无用的欲望。二是说它恶，是人间一切坏事的根源，导致犯罪和战争。

可是，生命无非就是欲望，否定了欲望，也就否定了生命。

怎么办？这里我们要请出人生中另外两位重要角色了，一位叫灵魂，另一位叫理性。灵魂是欲望的导师，它引导欲望升华，于是人类有了艺术、道德、宗教。理性是欲望的管家，它对欲望加以管理，于是人类有了法律、经济、政治。

你们看，人类的一切玩意儿，或者是欲望本身创造的，或者是为了对付欲望而创造的。说到底，欲望仍然是人生舞台上的主角。

欲望是一个爱惹事的家伙,可是,如果没有欲望惹事,人生就未免太寂寞了。

所以,最后我要说一句:谢谢"欲望"。

平凡生活的价值

生命是人的存在的基础和核心。个人建功创业，致富猎名，倘若结果不能让自己安身立命，究竟有何价值？人类齐家治国，争霸称雄，倘若结果不能让百姓安居乐业，究竟有何价值？

世代交替，生命繁衍，人类生活的基本内核原本就是平凡的。战争，政治，文化，财富，历险，浪漫，一切的不平凡，最后都要回归平凡，都要按照对人类平凡生活的功过确定其价值。即使在伟人的生平中，最能打动我们的也不是丰功伟绩，而是那些在平凡生活中显露了真实人性的时刻，这样的时刻恰恰是人人都拥有的。遗憾的是，在今天的世界上，人们惶惶然追求貌似不平凡的东西，懂得珍惜和品味平凡生活的人何其少。

人世间的一切不平凡，最后都要回归平凡，都要用平凡生活来衡量其价值。伟大、精彩、成功都不算什么，只有把平凡生活真正过好，人生才是圆满。

人世间真实的幸福原是极简单的。人们轻慢和拒绝神的礼物，偏要到别处去寻找幸福,结果生活越来越复杂,也越来越不幸。

人在世上不妨去追求种种幸福,但不要忘了最重要的幸福就在你自己身边,那就是平凡的亲情。人在遭遇苦难时诚然可以去寻求别人的帮助和安慰,但不要忘了唯有一样东西能够使你真正承受苦难,那就是你自己的坚忍。在我看来,一个人懂得珍惜属于自己的那一份亲情,又勇于承担属于自己的那一份苦难,乃是人生的两项伟大成就。

活在世上,没有一个人愿意完全孤独。天才的孤独是指他的思想不被人理解,在实际生活中,他却也是愿意有个好伴侣的,如果没有,那是运气不好,并非他的主动选择。人不论伟大平凡,真实的幸福都是很平凡很实在的。才赋和事业只能决定一个人是否优秀,不能决定他是否幸福。我们说贝多芬是一个不幸的天才,泰戈尔是一个幸福的天才,其根据就是在世俗领域的不同遭遇。

生命中不能错过什么
——《绿山墙的安妮》中译本序

安妮是一个十一岁的孤儿，一头红发，满脸雀斑，整天耽于幻想，不断闯些小祸。假如允许你收养一个孩子，你会选择她吗？大概不会。马修和玛莉拉是一对上了年纪的独身兄妹，他们也不想收养安妮，只是因为误会，收养成了令人遗憾的既成事实。故事就从这里开始，安妮住进了美丽僻静村庄中这个叫作绿山墙的农舍，她的一言一行将经受老处女玛莉拉的刻板挑剔眼光——以及村民们的保守务实眼光——的检验，形势对她十分不利。然而，随着故事进展，我们看到，安妮的生命热情融化了一切敌意的坚冰，给绿山墙和整个村庄带来了欢快的春意。作为读者，我们也和小说中所有人一样不由自主地喜欢上了她。正如当年马克·吐温所评论的，加拿大女作家莫德·蒙格玛丽塑造的这个人物不愧是"继不朽的艾丽丝之后最令人感动和喜爱的儿童形象"。

在安妮身上，最令人喜爱的是那种富有灵气的生命活力。她的生命力如此健康蓬勃，到处绽开爱和梦想的花朵，几乎到了奢侈的地步。安妮拥有两种极其宝贵的财富，一是对生活的惊奇感，二是充满乐观精神的想象力。对于她来说，每一天都有新的盼望，新的惊喜。她不怕盼望落空，因为她已经从盼望中享受了一半的喜悦。她生活在用想象力创造的美丽世界中，看见五月花，她觉得自己身在天堂，看见了去年枯萎的花朵的灵魂。请不要说安妮虚无缥缈，她的梦想之花确确实实结出了果实，使她周围的人在和从前一样的现实生活中品尝到了从前未曾发现的甜美滋味。

我们不但喜爱安妮，而且被她深深感动，因为她那样善良。不过，她的善良不是来自某种道德命令，而是源自天性的纯净。她的生命是一条虽然激荡却依然澄澈的溪流，仿佛直接从源头涌出，既积蓄了很大的能量，又尚未受到任何污染。安妮的善良实际上是一种感恩，是因为拥有生命、享受生命而产生的对生命的感激之情。怀着这种感激之情，她就善待一切帮助过她乃至伤害过她的人，也善待大自然中的一草一木。和怜悯、仁慈、修养相比，这种善良是一种更为本真的善良，而且也是更加令自己和别人愉快的。

所以，我认为，这本书虽然是近一百年前问世的，今天仍然很值得我们一读。作为儿童文学的一部经典之作，今天的孩子们一定还能够领会它的魅力，与可爱的主人公发生共鸣，孩子们比我聪明，无须我多言。我想特别说一下的是，今天的成人们也应当能够从中获得教益。在我看来，教益有二。一是促使我们反省对孩子的教育。我们该知道，就天性的健康和纯净而言，每个孩子身上都藏着一个安妮，我们千万不要再用种种功利的算计去毁坏他们的健康，污染他们的纯净，扼杀他们身上的安妮了。二是促使我们反省自己的人生。在今日这个崇拜财富的时代，我们该自问，我们是否丢失了那些最重要的财富，例如对生活的惊奇感，使生活焕发诗意的想象力,源自感激生命的善良,等等。安妮曾经向从来不想象和现实不同的事情的人惊呼:"你错过了多少东西!"我们也该自问:我们错过了多少比金钱、豪宅、地位、名声更宝贵的东西?

生活的减法

南极之行，从北京出发乘的是法航，可以托运60公斤行李。谁知到了圣地亚哥，改乘智利国内航班，只准托运20公斤了。于是，只好把带出的两只箱子精简掉一只，所剩的物品就很少了。到住处后，把这些物品摆开，几乎看不见，好像住在一间空屋子里。可是，这么多天下来了，我并没有感到缺少了什么。回想在北京的家里，比这大得多的屋子总是满满的，每一样东西好像都是必需的，但我现在竟想不起那些必需的东西是什么了。于是我想，许多好像必需的东西其实是可有可无的。

在北京的时候，我天天都很忙碌，手头总有做不完的事。直到这次出发的前夕，我仍然分秒必争地做着我认为十分紧迫的事中的一件。可是，一旦踏上旅途，再紧迫的事也只好搁下了。现在，我已经把所有似乎必须限期完成的事搁下好些天了，但并没有发现造成了什么后果。于是我想，许多好像必须做的事其实是可做可不做的。

许多东西，我们之所以觉得必需，只是因为我们已经拥有它们。当我们清理自己的居室时，我们会觉得每一样东西都有用处，都舍不得扔掉。可是，倘若我们必须搬到一个小屋去住，只允许保留很少的东西，我们就会判断出什么东西是自己真正需要的了。那么，我们即使有一座大房子，又何妨用只有一间小屋的标准来限定必需的物品，从而为美化居室留出更多的自由空间?

　　许多事情,我们之所以认为必须做,只是因为我们已经把它们列入了日程。如果让我们凭空从其中删除某一些,我们会难做取舍。可是,倘若我们知道自己已经来日不多,只能做成一件事情,我们就会判断出什么事情是自己真正想做的了。那么,我们即使还能活很久,又何妨用来日不多的标准来限定必做的事情,从而为享受生活留出更多的自由时间?

心灵的空间

我读到泰戈尔的一段话，把它归纳和改写如下：未被占据的空间和未被占据的时间具有最高的价值。一个富翁的富并不表现在他的堆满货物的仓库和一本万利的经营上，而是表现在他能够买下广大空间来布置庭院和花园，能够给自己留下大量时间来休闲。同样，心灵中拥有开阔的空间也是最重要的，如此才会有思想的自由。

接着，泰戈尔举例说，穷人和悲惨的人的心灵空间完全被日常生活的忧虑和身体的痛苦占据了，所以不可能有思想的自由。我想补充指出的是，除此之外，还有另一类例证，就是忙人。

凡心灵空间的被占据，往往是出于逼迫。如果说穷人和悲惨的人是受了贫穷和苦难的逼迫，那么，忙人则是受了名利和责任的逼迫。名利也是一种贫穷，欲壑难填的痛苦同样具有匮乏的特征，而名利场上的角逐同样充满生存斗争式的焦虑。至于说到责任，可分三种情形，一是出自内心的需要，另当别论；二是为了名利而承担的，可以归结为名利；三是既非内心自觉，又非贪图名利，完全是职务或客观情势所强加的，那就与苦难相差无几了。所以，一个忙人很可能是一个心灵上的穷人和悲惨的人。

这里我还要说一说那种出自内在责任的忙碌，因为我常常认为我的忙碌属于这一种。一个人真正喜欢一种事业，他的身心完全被这种事业占据了，能不能说他也没有了心灵的自由空间呢？这首先要看在从事这种事业的时候，他是否真正感觉到了创造的快乐。譬如说写作，写作诚然是一种艰苦的劳动，但必定伴随着创造的快乐，如果没有，就有理由怀疑它是否蜕变成了一种强迫性的事务，乃至一种功利性的劳作。当一个人以写作为职业的时候，这样的蜕变是很容易发生的。心灵的自由空间是一个快乐的领域，其中包括创造的快乐，阅读的快乐，欣赏大自然和艺术的快乐，情感体验的快乐，无所事事的闲适和遐想的快乐，等等。所有这些快乐都不是孤立的，而是共生互通的。所以，如果一个人永远只是埋头于写作，不再有工夫和心思享受别的快乐，他的创造的快乐和心灵的自由也是大可怀疑的。

　　我的这番思考是对我自己的一个警告，同时也是对所有自愿的忙人的一个提醒。我想说的是，无论你多么热爱自己的事业，也无论你的事业是什么，你都要为自己保留一个开阔的心灵空间，一种内在的从容和悠闲。唯有在这个心灵空间中，你才能把你的事业作为你的生命果实来品尝。如果没有这个空间，你永远忙碌，你的心灵永远被与事业相关的各种事务所充塞，那么，不管你在事业上取得了怎样的外在成功，你都只是损耗了你的生命而没有品尝到它的果实。

神圣的休息日

上帝在西奈山向摩西传十诫，其第四诫是：周末必须休息，守为圣日。他甚至下令，凡安息日工作者格杀勿论。

未免太残忍了。

不过，我们不妨把这看作寓言，其寓意是：闲暇和休息也是神圣的。

在《旧约·创世记》中，我们确实发现有这一层意思。其中说：上帝在六日内创造了世界万物，便在第七日休息了。"他赐福给第七日，将那一日圣化为特别的日子；因为他已经完成了创造，在那一日歇工休息。"可以想象，忙碌了六个工作日的上帝，在第七日的休憩中一定领略到了另一种不寻常的快乐。所以，他责令他的子民仿效他的榜样，不但要勤于工作，而且要善于享受闲暇。

时至今日，《创世记》中上帝的日程表已经扩展成了全世界通用的日历，七日为一星期，周末为休息日，已经成为万民的习俗。我们真应该庆幸有一个懂得休息的上帝，并且应该把周末的休息日视为人类历史上的伟大发明之一。试想一下，如果没有周末的休息日，人类永远埋头劳作，会成为怎样没头脑的一种东西。周末给川流不息的日子规定了一个长短合宜的节奏，周期性地把我们的身体从劳作中解脱出来，同时也把我们的心智从功利中解脱出来，实为赐福人生之美事。

休息是神圣的，因为闲暇是生命的自由空间。只是劳作，没有闲暇，人会丧失性灵，忘掉人生之根本。这岂不就是渎神？所以，对于一个人人匆忙赚钱的时代，摩西第四诫是一个必要的警告。

当然，工作同样是神圣的。无所作为的懒汉和没头没脑的工作狂乃是远离神圣的两极。创造之后的休息，如同创世后第七日的上帝那样，这时我们最像一个神。

休闲的时尚

休闲已经成为一种时尚。在今天,如果一个人不是经常地泡酒吧、茶馆或咖啡厅,不是熟门熟路地光顾各种名目的娱乐场所,他基本上可以算是落伍了。还有那些往往设在郊外风景区的度假村,据说服务项目齐全。

我们的生活曾经十分单调,为谋生而从事的职业性劳动占据了最大比例,剩下的闲暇时间少得可怜。那时候有一句流行的话:"不会休息的人就不会工作。"位置摆得很清楚:闲暇时间只是用来休息,而休息又只是为工作服务。现在,对于相当一部分人群来说,情况已经改变。当闲暇时间足够长的时候,它的意义就不只是为职业性劳动恢复和积蓄体力或脑力,而是越来越具有了独立的价值。我们的生活质量不再仅仅取决于我们怎样工作,同时也取决于我们怎样消度闲暇。休闲完全是新的生活概念,表明闲暇本身要求用丰富的内容来充实它,这当然是一大进步。

然而,正因为如此,至少我是不愿意把闲暇交给时尚去支配的。在现有社会条件下,多数人的职业选择仍然不可避免地带有一定的强制性,唯有闲暇是能够自由支配的时间。闲暇之可贵,就在于我们在其中可以真正做自己的主人,展现自己的个性。时尚不过是流行的趣味罢了,其实是最没有个性的。在酒吧的幽暗烛光下沉思，在咖啡厅的温馨氛围中约会，也许是很有情调的事情。可是，倘若只是为了情调而无所用心地坐在酒吧和咖啡厅里，消磨掉一个又一个昼夜，我觉得那种生活实在无聊。

作为一种时尚的休闲，本质上是消费行为。平时忙于赚钱，紧张而辛苦，现在花钱买放松，买快乐，当然无可非议。可是，如果闲暇只是用来放松，它便又成了为工作服务的东西，失去了独立的价值。至于说快乐，我始终认为是有档次之分的。追求官能的快乐也没有什么不好，但如果仅限于此，不知心灵的快乐为何物，档次就未免太低。在这意义上，消度闲暇的方式的确表明了一个人的精神品级。

休闲的方式应该是各人不同的，如果雷同就一定是出了问题。"休闲"这个概念本身具有导向性，其实"闲"并非只可用来"休"。清人张潮有言："能闲世人之所忙者，方能忙世人之所闲。"改用他的话，不妨说，积极的度闲方式是闲自己平时之所忙，从而忙自己平时之所闲。每一个人的生命都蕴藏着多方面的可能性，任何一种职业在最好的情形下也只是实现了某一些可能性，而压抑了其余的可能性。闲暇便提供了一个机会，可以尝试去实现其余的可能性。人是不能绝对地无所事事的，做平时想做而做不了的事，发展自己在职业中发展不了的能力，这本身是莫大的享受。所以，譬如说，一个商人在闲时读书，一个官员在闲时写书，在我看来都是极好的休闲。

第三辑

亲近自然

亲近自然

每年开春,仿佛无意中突然发现土中冒出了稚嫩的青草,树木抽出了小小的绿芽,那时候会有一种多么纯净的喜悦心情。记得小时候,在屋外的泥地里埋几粒黄豆或牵牛花籽,当看到小小的绿芽破土而出时,感觉到的也是这种心情。也许天下生命原是一家,也许我曾经是这么一棵树,一棵草,生命萌芽的欢欣越过漫长的进化系列,又在我的心里复苏了?

唉,人的心,进化的最高产物,世上最复杂的东西,在这小小的绿芽面前,才恢复了片刻的纯净。

一个人的童年,最好是在乡村度过。一切的生命,包括植物、动物、人,归根到底来自土地,生于土地,最后又归于土地。在乡村,那刚来自土地的生命仍能贴近土地,从土地汲取营养。童年是生命蓬勃生长的时期,而乡村为它提供了充满同样蓬勃生长的生命的环境。农村孩子的生命不孤单,它有许多同伴,它与树、草、野兔、家畜、昆虫进行着无声的谈话,它本能地感到自己属于大自然的生命共同体。相比之下,城里孩子的生命就十分孤单,远离了土地和土地上丰富的生命,与大自然的生命共同体断了联系。在一定意义上,城里孩子是没有童年的。

孩子天然地亲近自然，亲近自然中的一切生命。孩子自己就是自然，就是自然中的一个生命。

然而，今天的孩子真是可怜。一方面，他们从小远离自然，在他们的生活环境里，自然最多只剩下了一点儿残片。另一方面，他们所处的文化环境也是非自然的，从小被电子游戏、太空动漫、教辅之类的产品包围，天性中的自然也遭到了封杀。

我们正在从内外两个方面割断孩子与自然的联系，剥夺他们的童年。他们迟早会报复我们的！

现在，我们与土地的接触愈来愈少了。砖、水泥、钢铁、塑料和各种新型建筑材料把我们包围了起来。我们把自己关在宿舍或办公室的四壁之内。走在街上，我们同样被房屋、商店、建筑物和水泥路面包围着。我们总是活得那样匆忙，顾不上看看天空和土地。我们总是生活在眼前，忘掉了永恒和无限。我们已经不再懂得土地的痛苦和渴望，不再能欣赏土地的悲壮和美丽。

这熟悉的家、街道、城市，这熙熙攘攘的人群，有时候我会突然感到多么陌生，多么不真实。我思念被这一切覆盖着的永恒的土地，思念一切生命的原始的家乡。

每到重阳，古人就登高楼，望天涯，秋愁满怀。今人一年四季关在更高的高楼里,对季节毫无感觉,不知重阳为何物。

秋天到了。可是,哪里是红叶天、黄花地?在我们的世界里,甚至已经没有了天和地。我们已经自我放逐于自然和季节。

春来春去,花开花落,原是自然界的现象,似乎不足悲喜。然而,偏是在春季,物象的变化最丰富也最微妙,生命的节奏最热烈也最急促,诗人的心,天下一切敏感的心,就不免会发生感应了。心中一团朦胧的情绪,似甜却苦,乍喜还悲,说不清道不明,我们的古人称之为"愁"。

细究起来,这"愁"又是因人因境而异,由不同的成分交织成的。触景生情,仿佛起了思念,却没有思念的具体对象,是笼统的春愁。有思念的对象,但山河阻隔,是离愁。孤身漂泊,睹景思乡,是旅愁和乡愁。因季节变迁而悲年华的虚度或平生的不得志,是闲愁。因季节变迁而悲时光的流逝和岁月的无常,便是短暂人生的万古大愁了。

我们不要讥笑古人多愁善感,倒不妨扪心自问,在匆忙的现代生活中,我们的心情与自然的物候之间还能否有如此密切的感应,我们的心肠是否已经太硬,对于自然界的生命节奏是否已经太麻木?

现代人只能从一杯新茶中品味春天的田野。

在灯红酒绿的都市里,觅得一粒柳芽,一朵野花,一刻清静,人会由衷地快乐。在杳无人烟的荒野上,发现一星灯火,一缕炊烟,一点人迹,人也会由衷地快乐。自然和文明，人皆需要，二者不可缺一。

久住城市，偶尔来到僻静的山谷湖畔，面对连绵起伏的山和浩渺无际的水，会感到一种解脱和自由。然而我想，倘若在此定居，与世隔绝，心境也许就会变化。尽管看到的还是同样的山水景物，所感到的却不是自由，而是限制了。

人及其产品把我和自然隔离开来了，这是一种寂寞。千古如斯的自然把我和历史隔离开来了，这是又一种寂寞。前者是生命本身的寂寞，后者是野心的寂寞。那种两相权衡终于承受不了前一种寂寞的人，最后会选择归隐。现代人对两种寂寞都体味甚浅又都急于逃避，旅游业因之兴旺。

人是自然之子。但是，城市里的人很难想起自己这个根本的来历。这毫不奇怪，既然所处的环境和所做的事情都离自然甚远，唯有置身在大自然之中，自然之子的心情才会油然而生，那么，到自然中去吧，面对山林和大海，你会越来越感到留在城市里的那一点名利多么渺小。当然，前提是你把心也带去。最好一个人去，带家眷亦可，但不要呼朋唤友，也不要开手机。对于现代人来说，经常客串一下"隐士"是聊胜于无的精神净化的方式。

我相信，终年生活在大自然中的人，是会对一草一木产生感情的，他会与它们熟识、交谈，会惦记和关心它们。大自然使人活得更真实也更本质。

　　游览名胜，我往往记不住地名和典故。我为我的坏记性找到了一条好理由——
　　我是一个直接面对自然和生命的人。相对于自然，地理不过是细节；相对于生命，历史不过是细节。

自然的奥秘

土地是洁净的,它接纳一切自然的污物,包括动物的粪便和尸体,使之重归洁净。真正肮脏的是它不肯接纳的东西——人类的工业废物。

精神的健康成长离不开土地和天空,土地贡献了来源和质料,天空则指示了目标和形式。比较起来,土地应该是第一位的。人来自泥土而归于泥土,其实也是土地上的作物。土地是家,天空只是辽远的风景。我甚至相信,古往今来哲人们对天空的沉思,那所谓形而上的关切,也只有在向土地的回归之中,在一种万物一体的亲密感之中,方能获得不言的解决。

长年累月关闭在窄屋里的人,大地和天空都不属于他,不可能具有开阔的视野和丰富的想象力。对于每天夜晚守在电视机前的现代人来说,头上的星空根本不存在,星空曾经给予先哲的伟大启示已经成为失落的遗产。

人与人的碰撞只能触发生活的精明,人与自然的交流才能开启生命的智慧。

人习惯于以万物的主人自居,而把万物视为自己认知和利用的对象。海德格尔把这种对待事物的方式称作技术的方式。在这种方式统治下,自然万物都失去了自身的丰富性和本源性,缩减成了某种可以满足人的需要的功能,只剩下了功能化的虚假存在。他呼吁我们摆脱技术方式的统治,与万物平等相处。

其实,这也是现代许多诗性哲人的理想。在摆脱了认知和被认知、利用和被利用的关系之后,人不再是主体,物不再是客体,而都成了宇宙大家庭中的平等成员。那时候,一切存在者都回到了存在的本来状态,都在用自己的语言对我们说话。

在观赏者眼中,再美的花也只是花而已。唯有当观赏停止、交流和倾听开始之时,花儿才会对你显灵和倾谈。

看海,必须是独自一人。和别人在一起时,看不见海的真相。那海滩上嬉水的人群,那身边亲密的同伴,都会成为避难所,你的眼光和你的心躲在里面,逃避海的威胁。你必须无处可逃,听凭那莫名的力量把你吞灭,时间消失,空间消失,人类消失,城市和文明消失,你自己也消失,或者和海变成了一体,融入了千古荒凉之中。

瞥见了海的真相的人不再企图谈论海,因为他明白了康德说的道理:用人类理性发明的语词只能谈论现象,不能谈论世界的本质。

赫拉克利特说："自然喜欢躲藏起来。"这句话至少有两层含义：第一，自然是顽皮的，喜欢和寻找它的人捉迷藏；第二，自然是羞怯的，不喜欢暴露在光天化日之下。所以，一个好的哲人在接近自然的奥秘时应当怀有两种心情：他既像孩子一样怀着游戏的激情，又像恋人一样怀着神圣的爱情。他知道真理是不易被捉到，更不可被说透的。真理躲藏在人类语言之外的地方，于是他只好说隐喻。

存在的一切奥秘都是用比喻说出来的。对于听得懂的耳朵，大海、星辰、季节、野花、婴儿都在说话，而听不懂的耳朵却什么也没有听到。

当好自然之子

人，栖居在大地上，来自泥土，也归于泥土，大地是人的永恒家园。如果有一种装置把人与大地隔绝开来，切断了人的来路和归宿，这样的装置无论多么奢华，算是什么家园呢？

人，栖居在天空下，仰望苍穹，因惊奇而探究宇宙之奥秘，因敬畏而感悟造物之伟大，于是有科学和信仰，此人所以为万物之灵。如果高楼蔽天，俗务缠身，人不再仰望苍穹，这样的人无论多么有钱，算是什么万物之灵呢？

人是自然之子，在自然的规定范围内，可制作，可创造，可施展聪明才智。但是，自然的规定不可违背。人不可背离土地，不可遮蔽天空，不可忤逆自然之道。老子曰："人法地，地法天，天法道，道法自然。"此之谓也。

一位英国诗人吟道："上帝创造了乡村，人类创造了城市。"创造城市，在大地上演绎五彩缤纷的人间故事，证明了人的聪明。可是，倘若人用自己的作品把自己与上帝的作品隔离开来，那就是愚昧。

人类曾经以地球的主人自居，对地球为所欲为，结果破坏了地球上的生态环境，并且自食其恶果。于是，人类开始反省自己的行为。

反省的第一个认识是，人不能用奴隶主对待奴隶的方式对待地球，人若肆意奴役和蹂躏地球，实际上是把自己变成了地球的敌人，必将遭到地球的报复，就像奴隶主遭到奴隶的报复一样。地球是人的家，人应该为了自己的长远利益管好这个家，做地球的好主人，不要做败家子。

在这一认识中，主人的地位未变，只是统治的方式开明了一些。然而，反省的深入正在形成更高的认识：人作为地球主人的地位真的不容置疑吗？与地球上别的生物相比，人真的拥有特权吗？一位现代生态学家说：人类是作为绿色植物的客人生活在地球上的。若把这个说法加以扩展，我们便可以说，人是地球的客人。作为客人，我们在享受主人的款待时倒也不必羞愧，但同时我们应当懂得尊重和感谢主人。做一个有教养的客人，这可能是人对待自然的最恰当的态度吧。

我们应向一切虔信的民族学习一个基本信念，就是敬畏自然。我们要记住，人是自然之子，在总体上只能顺应自然，不能征服和支配自然，无论人类创造出怎样伟大的文明，自然永远比人类伟大。我们还要记住，人诚然可以亲近自然，认识自然，但这是有限度的，自然有其不可接近和揭穿的秘密，各个虔信的民族都把这秘密称作神，我们应当尊重这秘密。

在对待自然的态度上，现在大概不会有人公开赞成掠夺性的强盗行径了。但是，同为主张善待自然，出发点仍有很大分歧。一派强调以人类为中心，从人类长远利益出发合理利用自然。另一派反对人类中心论，认为从根本上说，自然是一个应该敬畏的对象。我的看法是，两派都有道理，但说的是不同层次上的道理，而低层次的道理要服从高层次的道理。合理利用自然是科学，不管考虑到人类多么长远的利益，合理的程度多么高，仍然是科学，而科学必有其界限。生态不仅是科学问题，而且是伦理问题，正是伦理为科学规定了界限。

旅游业发展到哪里，就败坏了哪里的自然风景。

我寻找一个僻静的角落，却发现到处都是广告喇叭、商业性娱乐设施和凑热闹的人群。

怀念土地

按照《圣经》的传说,上帝是用泥土造出人类的始祖亚当的:"上帝用地上的泥土造人,将生气吹在他的鼻孔里,他就成了有灵的活人,名叫亚当。"上帝还对亚当说:"你本是泥土,仍要归于泥土。"在中国神话传说中,女娲也是用泥土造人的:"女娲抟黄土造人。"这些相似的传说说明了一个深刻的道理:土地是人类的生命之源。

其实,不但人类的生命,而且人类的精神,都离不开土地。就说说真、善、美吧,人类精神所追求的这些美好的理想价值,也无不孕育于大地的怀抱。如果大地上不是万象纷呈,万物变易,我们怎会有求真理的兴趣和必要,如果大地本身不是坚实如恒,我们又怎会有求真理的可能和信心?如果不曾领略土地化育和接纳万物的宽阔胸怀,我们懂得什么善良、仁慈和坚忍?如果没有欣赏过大地上山川和落日的壮丽,倾听过树林里的寂静和风声,我们对美会有什么真切的感受?精神的理想如同头上的天空,而天空也是属于大地的,唯有在辽阔的大地上方才会有辽阔的天空。可以说,一个人拥有的天空是和他拥有的大地成正比的。长年累月关闭在窄屋里的人,大地和天空都不属于他,不可能具有开阔的视野和丰富的想象力。对于每天夜晚守在电视机前的现代人来说,头上的星空根本不存在,星空曾经给予先哲的伟大启示已经成为失落的遗产。

我们都会说人是大自然之子的道理，可惜的是，能够记起大自然母亲的面貌的人越来越少了。从生到死，我们都远离土地而生活，就像一群远离母亲的孤儿。最可悲的是我们的孩子，他们在这样一种与大自然完全隔绝的生活模式中成长，压根儿没有过同大自然亲近的经验和对土地的记忆，因而也很难在他们身上唤起对大自然的真正兴趣了。有一位作家写到，她曾带几个孩子到野外去看月亮和海，可是孩子们对月亮和海毫无兴趣，心里惦记着的是及时赶回家去，不要误了他们喜欢的一个电视节目。

我们切不可低估这一事实的严重后果。一棵植物必须在土里扎下根，才能健康地生长。人也是这样，只是在外表上不像植物那么明显，所以很容易被我们忽视。我相信，远离土地是必定要付出可怕的代价的。倘若这种对大自然的麻木不仁延续下去，人类就不可避免地要发生精神上的退化。在电视机前长大的新一代人，当然读不进荷马和莎士比亚。始终在人造产品的包围下生活，人们便不再懂得欣赏神和半神的创造，这有什么奇怪呢？在我看来，不管现代人怎样炫耀自己的技术和信息，倘若对自己生命的来源和基础浑浑噩噩，便是最大的蒙昧和无知。人类的聪明在于驯服自然，在广袤的自然世界中为自己开辟出一个令自己惬意的人造世界。可是，如果因此而沉溺在这个人造世界里，与广袤的自然世界断了联系，就真是聪明反被聪明误了。自然的疆域无限，终身自拘于狭小人工范围的生活毕竟是可怜的。

都市里的外乡人

我出生在都市,并且在都市里度过了迄今为止的大部分岁月。可是,我常常觉得,我只是都市里的一个外乡人。我的活动范围极其有限,基本上是坐在家里读书和写作,每周去一趟单位,偶尔到朋友家里串一串门,或者和朋友们去郊外玩一玩。在偌大都市中,我最熟悉的仅是住宅附近的一两家普通商店,那已经足以应付我的基本生活需要了。其余的广大区域,尤其是使都市引以为豪的那许多豪华商场和高级娱乐场所,对于我不过是一种观念的存在,是一些我无暇去探究的现代迷宫。

近些年来,我到过别的一些城市。我惊奇地发现,所到之处,即使是从前很偏僻的地方,都正在迅速涌现一个个新的都市。然而,这些新的都市是何其雷同!古旧的小街和城墙被拆除了,取而代之的是环城公路和通衢大道。格局相似的豪华商场向每一个城市的中心胜利进军,成为每一个城市的新的标记。可是,这些标记丝毫不能显示城市的特色,相反却证明了城市的无名。事实上,当你徘徊在某一个城市的街头时,如果单凭眼前的景观,你的确无法判断自己究竟身在哪一个城市。甚至人们的消闲方式也在趋于一致,夜幕降临之后,延安城里不再闻秧歌之声,时髦的青年男女纷纷走进兰花花卡拉OK厅。

当然,都市化还可以有另一种模式。我到过欧洲的一些城市,例如世界大都会巴黎，那里在更新城市建筑的同时，把维护城市的历史风貌看得比一切都重要，几近于神圣不可侵犯。一个城市的建筑风格和民俗风情体现了这个城市的个性，它们源于这个城市的特殊的历史和文化传统。消灭了一个城市的个性，差不多就等于是消灭了这个城市的记忆。这样的城市无论多么繁华，对于它的客人都丧失了学习和欣赏的价值，对于它的主人也丧失了家的意义。其实，在一个失去了记忆的城市里，并不存在真正的主人，每一个居民都只是无家可归的外乡人而已。

就我的性情而言，我恐怕永远将是一个游离于都市生活的外乡人。不过，我无意反对都市化。我知道，虽然都市化会带来诸如人口密集、交通拥挤之类的弊端，但都市化本身毕竟是一个进步，它促进了经济和文化的繁荣。我只是希望都市化按照一种健康的方式进行。即使作为一个外乡人，我也是能够欣赏都市的美的。有时候，夜深人静之时，我独自漫步在灯火明灭的北京街头，望着被五光十色的聚光灯照亮的幢幢高楼，一种赞叹之情便会油然而生：在浩瀚宇宙的一个小小的角落，可爱的人类竟给自己造出了这么些精巧的玩具。我还庆幸于自己的发现：都市最美的时刻，是在白昼和夜生活的喧嚣都沉寂了下去的时候。

旅 + 游 = 旅游？

一、旅 + 游 = 旅游？

从前，一个"旅"字，一个"游"字，总是单独使用，凝聚着离家的悲愁。"山晓旅人去，天高秋气悲"。"浮云蔽白日，游子不顾反"。孑然一身，隐入苍茫自然，真有说不出的凄凉。

另一方面，庄子"游于壕梁之上"，李白"一生好入名山游"，"游"字又给人一种逍遥自在的感觉。

也许，这两种体验的交织，正是人生羁旅的真实境遇。我们远离了家、亲人、公务和日常所习惯的一切，置身于陌生的事物之中，感到若有所失。这"所失"使我们怅然，但同时使我们获得一种解脱之感，因为我们发现，原来那失去的一切非我们所必需，过去我们固守着它们，反倒失去了更可贵的东西。在与大自然的交融中，那狭隘的乡恋被净化了。寄旅和漫游深化了我们对人生的体悟：我们无家可归，但我们有永恒的归宿。

不知从什么时候起，"旅""游"二字合到了一起。于是，现代人不再悲愁，也不再逍遥，而只是安心又仓促地完成着他们繁忙事务中的一项——"旅游"。

那么，请允许我说：我是旅人，是游子，但我不是"旅游者"。

二、现代旅游业

旅游业是现代商业文明的产物。在这个"全民皆商"、涨价成风的年头，也许我无权独独抱怨旅游也纳入了商业轨道，成了最昂贵的消费之一。可悲的是，人们花了钱仍得不到真正的享受。

平时匆忙赚钱，积够了钱，旅游去！可是，普天下的旅游场所，哪里不充斥着招揽顾客的吆喝声、假冒险的娱乐设施、凑热闹的人群？可怜在一片嘈杂中花光了钱，拖着疲惫的身子回家，又重新投入匆忙的赚钱活动。

一切意义都寓于过程。然而，现代文明是急功近利的文明，只求结果，藐视过程。人们手捧旅游图，肩挎照相机，按图索骥，专找图上标明的去处，在某某峰、某某亭"咔嚓"几下，留下"到此一游"的证据，便心满意足地离去。

每当我看到举着小旗、成群结队、掐着钟点的团体旅游，便生愚不可及之感。现代人已经没有足够的灵性独自面对自然。在人与人的挤压中，自然消隐不见了。

是的，我们有了旅游业。可是，恬静的陶醉在哪里？真正的精神愉悦在哪里？与大自然的交融在哪里？

三、名人与名胜

　　赫赫有名者未必优秀，默默无闻者未必拙劣。人如此，自然景观也如此。

　　人怕出名，风景也怕出名。人一出名，就不再属于自己，慕名者络绎来访，使他失去了宁静的心境以及和二三挚友相对而坐的情趣。风景一出名，也就沦入凡尘，游人云集，使它失去了宁静的环境以及被真正知音赏玩的欣慰。

　　当世人纷纷拥向名人和名胜之时，我独爱潜入陋巷僻壤，去寻访不知名的人物和景观。

现代技术的危险何在？

现代技术正在以令人瞠目的速度发展，不断创造出令人瞠目的奇迹。人们奔走相告：数字化生存来了，克隆来了 接下来还会有什么东西来了？尽管难以预料，但一切都是可能的，现代技术似乎没有什么事情是它办不到的。面对这个无所不能的怪兽，人们兴奋而又不安，欢呼声和谴责声此起彼伏，而它对这一切置若罔闻，依然迈着它的目空一切的有力步伐。

按照通常的看法，技术无非是人为了自己的目的而改变事物的手段，手段本身无所谓好坏，它之造福还是为祸，取决于人出于什么目的来发明和运用它。乐观论者相信，人有能力用道德约束自己的目的，控制技术的后果，使之造福人类，悲观论者则对人的道德能力不抱信心。仿佛全部问题在于人性的善恶，由此而导致技术服务于善的目的还是恶的目的。然而，有一位哲学家，他越出了这一通常的思路，在五十年代初便从现代技术的早期演进中看到了真正的危险所在，向技术的本质发出了追问。

在海德格尔看来，技术不仅仅是手段，更是一种人与世界之关系的构造方式。在技术的视野里，一切事物都只是材料，都缩减为某种可以满足人的需要的功能。技术从来就是这样的东西，不过，在过去的时代，技术的方式只占据非常次要的地位，人与世界的关系主要是一种非技术的、自然的关系。对于我们的祖先来说，大地是化育万物的母亲，他们怀着感激的心情接受土地的赠礼，守护存在的秘密。现代的特点在于技术几乎成了唯一的方式，实现了"对整个地球的无条件统治"，因而可以用技术来命名时代，例如原子能时代、电子时代等等。现代人用技术的眼光看一切，神话、艺术、历史、宗教和朴素自然主义的视野趋于消失。在现代技术的统治下，自然万物都失去了自身的丰富性和本源性，仅仅成了能量的提供者。譬如说，大地不复是母亲，而只是任人开发的矿床和地产。畜禽不复是独立的生命和人类的伙伴，而只是食品厂的原料。河流不复是自然的风景和民族的摇篮，而只是水压的供应者。海德格尔曾经为莱茵河鸣不平，因为当人们在河上建造发电厂之时，事实上是把莱茵河建造到了发电厂里，使它成了发电厂的一个部件。那么，想一想我们的长江和黄河吧，在现代技术的视野中，它们岂不也只是发电厂的巨大部件，它们的自然本性和悠久历史何尝有一席位置？

现代技术的真正危险并不在于诸如原子弹爆炸之类可见的后果，而在于它的本质中业已包含着的这种对待事物的方式，它剥夺了一切事物的真实存在和自身价值，使之只剩下功能化的虚假存在。这种方式必定在人身上实行报复，在技术过程中，人的个性差别和价值也不复存在，一切人都变成了执行某种功能的技术人员。事情不止于此，人甚至还成了有朝一日可以按计划制造的"人力物质"。不管幸运还是不幸，海德格尔活着时赶上了人工授精之类的发明，化学家们已经预言人工合成生命的时代即将来临，他对此评论道："对人的生命和本质的进攻已在准备之中，与之相比较，氢弹的爆炸也算不了什么了。"现代技术"早在原子弹爆炸之前就毁灭了事物本身"。总之，人和自然事物两方面都丧失了自身的本质，如同里尔克在一封信中所说的，事物成了"虚假的事物"，人的生活只剩下了"生活的假象"。

既然现代技术的危险在于人与世界之关系的错误建构，那么，如果不改变这种建构，仅仅克服技术的某些不良后果，真正的危险就仍未消除。出路在哪里呢？有一个事实看来是毋庸置疑的：没有任何力量能够阻止现代技术发展的步伐，人类也绝不可能放弃已经获得的技术文明而复归田园生活。其实，被讥为"黑森林的浪漫主义者"的海德格尔也不存此种幻想。综观他的思路，我们可以看出，虽然现代技术的危险包含在技术的本质之中，但是，技术的方式之成为人类主导的乃至唯一的生存方式却好像并不具有必然性。也许出路就在这里。我们是否可以在保留技术的视野的同时，再度找回其他的视野呢？如果说技术的方式根源于传统的形而上学，在计算性思维中遗忘了存在，那么，我们能否从那些歌吟家园的诗人那里受到启示，在冥想性思维中重新感悟存在？当然，这条出路未免抽象而渺茫，人类的命运仍在未定之中。于是我们便可以理解，为何海德格尔留下的最后手迹竟是一个没有答案的问题——

"在技术化的千篇一律的世界文明的时代中，是否和如何还能有家园？"

诗意地栖居

鉴于碳排放过量导致全球环境破坏和气候异常的严峻事实，国际社会正在倡导低碳理念，实施低碳行动，中国政府对此也积极响应。低碳理念的落实，在技术层面上有赖于能源体系的变革，即寻求化石能源节约、高效和洁净化利用的途径，并大力发展非化石洁净能源。但是，单有技术层面显然不够，唯有在哲学层面上深刻反思，根本转变人类的生存发展观念，才能真正解决问题。

荷尔德林有一句诗："人诗意地栖居在这个大地上。"海德格尔对这一句诗做了非常繁复的分析，其中心意思是，诗意是栖居的本质，只有诗意才使人真正作为人栖居在大地上，从而使栖居成为安居，使大地成为家园。我认为可以由之引申出两个观点：第一，在人与自然的关系上，人应该以诗意方式而非技术方式对待自然；第二，在人自身的幸福追求上，人应该以诗意生活而非物质生活作为目标。从这两个方面来看，我们不得不承认，诗意已经荡然无存。

什么叫对待自然的技术方式？就是把自然物仅仅看成满足人的需要的一种功能，对人而言的一种使用价值，简言之，仅仅看成资源和能源。天生万物，各有其用，这个用不是只对人而言的。用哲学的语言说，万物都有其自身的存在和权利，用科学的语言说，万物构成了地球上自循环的生态系统。然而，在技术方式的统治下，一切自然物都失去了自身的存在和权利，只成了能量的提供者。今天的情况正是如此，在席卷全国的开发热中，国人眼中只看见资源，名山只是旅游资源，大川只是水电资源，土地只是地产资源，矿床只是矿产资源，皆已被开发得面目全非。这个被人糟蹋得满目疮痍的大地，如何还能是诗意地栖居的家园？

由此可见，问题不是出在技术不到位，而是出在对待自然的技术方式本身。与技术方式相反，诗意方式就是要摆脱狂妄的人类中心主义和狭窄的功利主义的眼光，用一种既谦虚又开阔的眼光看自然万物。一方面，作为自然大家庭中的普通一员，人以平等的态度尊重万物的存在和权利。另一方面，作为地球上唯一的精神性存在，人又通过与万物和谐相处而领悟存在的奥秘。其实，对待自然的诗意方式并不玄虚，这在一切虔信的民族那里是一个传统。比如在藏民眼中，自然山河绝不只是资源和能源，更不是征服的对象，相反，他们把大山大川看作神居住的地方，虔诚地崇拜。我们不要说他们愚昧，愚昧的可能是我们而不是他们，他们远比我们善于和自然和谐相处，并从中获得神圣的感悟。

毫无疑问，人为了生存，对待自然的技术方式是不可缺少的。但是，必须限制技术的施展范围，把人类对自然物的干预和改变控制在最必要限度之内，让自然物得以按照自然的法则完成其生命历程。人类应该在这个前提下来安排自己的经济和生活，而这就意味着大大减少资源和能源的开发及使用。

也许有人会问：这不是要人类降低生活质量，因而是一种倒退吗？

且慢，我正想说，若要追究我们对待自然的错误方式的根源，恰恰在于我们的价值观、幸福观出了问题。正因为在我们的幸福蓝图中诗意已经没有一点位置，我们才会以没有丝毫诗意的方式对待自然。在今天，人们往往把物质资料的消费视为幸福的主要内容，我可断言，这样的价值观若不改变，人类若不约束自己的贪欲，人对自然的掠夺就不可能停止。我听到有论者强调说：低碳经济的目标是低碳高增长。我不禁要问：为什么一定要高增长？我很怀疑，以高增长为目标，低碳能否实现，至少在非化石能源尚难普及的相当长时期里是无法实现的。在我看来，宁可经济增长慢一点，多花一点力气来建构全民福利，缩小贫富差别，增进社会和谐，这样人民是更幸福的。

所以，真正需要反思的问题是：什么是幸福？现代人很看重技术所带来的便利，日常生活依赖汽车和家用电器，甚至运动和娱乐也依赖各种复杂的设施，耗费了大量能源，但因此就生活得比古人幸福吗？李白当年"五岳寻仙不辞远，一生好入名山游"，走了许多崎岖的路，留下了许多不朽的诗。我们现在乘飞机往返景区，乘缆车上山下山，倒是便捷了，但看到、感受到的东西可有李白的万分之一，我们比李白幸福吗？苏东坡当年夜游承天寺，对朋友感叹道："何夜无月，何处无竹柏，但少闲人如吾二人耳。"我们现在更少这样的闲人，而最可悲的是，从前无处不有的明月和竹柏也已经成了稀罕之物，我们比苏东坡幸福吗？

是的，诗意是栖居的本质，人如果没有了诗意，大地就会遭践踏，不再是家园，精神就会变平庸，不再有幸福。

第四辑

财富与幸福

金钱的好处

金钱的好处是使人免于贫困。

但是,在提供积极的享受方面,金钱的作用极其有限。人生最美好的享受,包括创造、沉思、艺术欣赏、爱情、亲情等等,都非金钱所能买到。原因很简单,所有这类享受皆依赖于心灵的能力,而心灵的能力是与钱包的鼓瘪毫不相干的。

人在多大程度上不依赖于物质的东西,人就在多大程度上是自由的。所谓不依赖,在生存有保障的前提下,是一种精神境界。穷人是不自由的,因为他的生存受制于物质。那些没有精神目标的富人更是不自由的,因为他的全部心灵都受制于物质。自由是精神生活的范畴,物质只是自由的必要条件,永远不是充分条件,永远不可能直接带来自由。

无论个人,还是人类,如果谋求物质不是为了摆脱其束缚而获得精神的自由,人算什么万物之灵呢?

爱默生说:有钱的主要好处是用不着看人脸色了。这也是我的体会。钱是好东西,最大的好处是可以使你在钱面前获得自由,包括在一切涉及钱的事情面前,而在这个俗世间,涉及钱的事情何其多。所以,即使对于一个不贪钱的人来说，有钱也是大好事。

但是，钱不是最好的东西，不能为了这个次好的东西而牺牲最好的东西。一个人如果贪钱，有了钱仍受钱支配，在钱面前毫无自由，这里说的有钱的好处就荡然无存了。

在做事的时候，把兴趣放在第一位，而把钱只当作副产品，这是面对金钱的一种最惬意的自由。当然，前提是钱已经够花了。不过，如果你把钱已经够花的标准定得低一点，你就可以早一点获得这个自由。

钱是好东西，但不是最好的东西。最好的东西是生命的单纯、心灵的丰富和人格的高贵。为了钱而毁坏最好的东西，是十足的愚昧。

钱够花了以后，给生活带来的意义便十分有限，接下来能否提高生活质量，就要看你的精神实力了。

金钱，消费，享受，生活质量——当我把这些相关的词排列起来时，我忽然发现它们好像有一种递减关系：金钱与消费的联系最为紧密，与享受的联系要弱一些，与生活质量的联系就更弱。因为至少，享受不限于消费，还包括创造，生活质量不只看享受，还要看承受苦难的勇气。在现代社会里，金钱的力量当然是有目共睹的，但是这种力量肯定没有大到足以修改我们对生活的基本理解。

两种快乐的比较

物质带来的快乐终归是有限的,只有精神的快乐才可能是无限的。

遗憾的是,现在人们都在拼命追求有限的快乐,甘愿舍弃无限的快乐,结果普遍活得不快乐。

快乐更多地依赖于精神而非物质,这个道理一点也不深奥,任何一个品尝过两种快乐的人都可以凭自身的体验予以证明,那些沉湎于物质快乐而不知精神快乐为何物的人也可以凭自己的空虚予以证明。

肉体需要有它的极限,超于此上的都是精神需要。奢侈,挥霍,排场,虚荣,这些都不是直接的肉体享受,而是一种精神上的满足,当然是比较低级的满足。一个人在肉体需要得到了满足之后,他的剩余精力必然要投向对精神需要的追求,而精神需要有高低之分,由此鉴别出了人的灵魂的质量。

正是与精神的快乐相比较,物质所能带来的快乐显出了它的有限,而唯有精神的快乐才可能是无限的。因此,智者的共同特点是:一方面,因为看清了物质快乐的有限,最少的物质就能使他们满足;另一方面,因为渴望无限的精神快乐，再多的物质也不能使他们满足。

上天的赐予本来是公平的，每个人天性中都蕴涵着精神需求，在生存需要基本得到满足之后，这种需求理应觉醒，它的满足理应越来越成为主要的目标。那些永远折腾在功利世界上的人，那些从来不谙思考、阅读、独处、艺术欣赏、精神创造等心灵快乐的人，他们是怎样辜负了上天的赐予啊，不管他们多么有钱，他们是度过了怎样贫穷的一生啊。

有的人始终在物质的层面上追求，无论得到了多少物质，仍然感到空虚，于是更热切地追求，然而空虚依旧，这是怎么回事呢？我想，对于这种情况，也许不可简单地斥为欲壑难填了事。一个可能的情况是，他们不知道空虚的原因，在试图解决时用力用错了方向。其实，是灵魂在感到空虚，而灵魂的空虚是再多的物质也填补不了的。人人都有一个灵魂，但并非人人都意识到自己灵魂的存在的，而感到空虚恰恰是发现灵魂的一个契机。因此，我的劝告是，你不要逃避空虚，而要直面空虚，从而改变用力的方向，开启精神层面上的追求。否则，你通过追求物质来逃避空虚，既然这空虚是在你的灵魂里，你怎么逃避得了呢。

为了抵御世间的诱惑，积极的办法不是压抑低级欲望，而是唤醒、发展和满足高级欲望。我所说的高级欲望指人的精神需要，它也是人性的组成部分。人一旦品尝到和陶醉于更高的快乐，面对形形色色的较低快乐的诱惑就自然有了"定力"。最好的东西你既然已经得到，你对那些次好的东西也就不会特别在乎了。

对于饥饿者，肚子最重要，脑子不得不为肚子服务。吃饱了，肚子最不重要，脑子就应该为心灵工作了。人生在世，首先必须解决生存问题，生存问题基本解决了，精神价值就应该成为主要目标。如果仍盯着肚子以及肚子的延伸，脑子只围着钱财转动，正表明缺少了人之为人的最重要的"器官"——心灵，因此枉为了人。

民族也是如此。其情形当然比个人复杂，因为面对的是全体人民的生存问题，而如何保证其公平的解决，一开始就必须贯穿民主、正义、人权等精神价值的指导。

谋财害命新解

恶人的谋财害命，是谋人之财，害人之命，这终究属于少数。今日多的是另一种谋财害命——谋世人的钱财，害自己的性命。其中又有程度的不同。最显著者是谋不义之财，因此埋下祸种，事未发则在恐惧中度日，事发则坐牢乃至真的搭上了性命。但是，这仍然属于少数。最多的情形是，在无止境的物质追求中，牺牲了生命纯真的享受，败坏了生命纯真的品质。这一种谋财害命，因为它的普遍性和隐蔽性，正是我们最应该警觉的。

有人说："有钱可以买时间。"这话当然不错。但是，如果大前提是"时间就是金钱"，买得的时间又追加为获取更多金钱的资本，则一生劳碌便永无终时。

所以，应当改变大前提：时间不仅是金钱，更是生命，而生命的价值是金钱无法衡量的。

要热爱生命，不要热爱物质，沉湎于物质正说明对生命没有感觉。

物质上的贫民，钱越少，越受金钱的奴役。精神上的贫民，钱越多，越受金钱的奴役。

"知足长乐"是中国的古训，我认为在金钱的问题上，这句话是对的。以挣钱为目的，挣多少算够了，这个界限无法确定。事实上，凡是以挣钱为目的的人，他永远不会觉得够了，因为富了终归可以更富，一旦走上了这条路，很少有人能够自己停下来。

骄奢是做人的大忌。骄，狂妄自大，是不知道人的渺小，忘记了自己不是神。奢，耽于物欲，是不知道人的伟大，忘记了自己有神性。二者的根源，都是心中没有神。心中有神，则可戒骄奢，第一知人的能力的有限，不骄傲，第二知物质欲望的卑下，不奢靡。

消费＝享受？

我讨厌形形色色的苦行主义。人活一世，生老病死，苦难够多的了，在能享受时凭什么不享受？享受实在是人生的天经地义。蒙田甚至把善于享受人生称作"至高至圣的美德"，据他说，恺撒、亚历山大都是视享受生活乐趣为自己的正常活动，而把他们叱咤风云的战争生涯看作非正常活动的。

然而，怎样才算真正享受人生呢？对此就不免见仁见智了。依我看，我们时代的迷误之一是把消费当作享受，而其实两者完全不是一回事。我并不想介入高消费能否促进繁荣的争论，因为那是经济学家的事，和人生哲学无关。我也无意反对汽车、别墅、高档家具、四星级饭店、KTV包房等等，只想指出这一切仅属于消费范畴，而奢华的消费并非享受的必要条件，更非充分条件。

当然，消费和享受不是绝对互相排斥的，有时两者会发生重合。但是，它们之间的区别又是显而易见的。例如，走马看花式的游览景点只是旅游消费，陶然于山水之间才是大自然的真享受；用电视、报刊、书籍解闷只是文化消费，启迪心智的读书和艺术欣赏才是文化的真享受。要而言之，真正的享受必是有心灵参与的，其中必定包含了所谓"灵魂的愉悦和升华"的因素。否则，花钱再多，也只能叫作消费。享受和消费的不同，正相当于创造和生产的不同。创造和享受属于精神生活的范畴，就像生产和消费属于物质生活的范畴一样。

以为消费的数量会和享受的质量成正比，实在是一种糊涂看法。苏格拉底看遍雅典街头的货摊，惊叹道："这里有多少我不需要的东西呵！"每个稍有悟性的读者读到这个故事，都不禁要会心一笑。塞涅卡说得好："许多东西，仅当我们没有它们也能对付时，我们才发现它们原来是多么不必要的东西。我们过去一直使用着它们，这并不是因为我们需要它们，而是因为我们拥有它们。"另一方面呢，正因为我们拥有了太多的花钱买来的东西，便忽略了不用花钱买的享受。"清风朗月不用一钱买"，可是每天夜晚守在电视机前的我们哪里还想得起它们？"何处无月，何处无竹柏，但少闲人如吾两人耳。"在人人忙于赚钱和花钱的今天，这样的闲人更是到哪里去寻？

那么，难道不存在纯粹肉体的、物质的享受了吗？不错，人有一个肉体，这个肉体也是很喜欢享受，为了享受也是很需要物质手段的。可是，仔细想一想，我们便会发现，人的肉体需要是有被它的生理构造所决定的极限的，因而由这种需要的满足而获得的纯粹肉体性质的快感差不多是千古不变的，无非是食色温饱健康之类。殷纣王"以酒为池，悬肉为林"，但他自己只有一只普通的胃。秦始皇筑阿房宫，"东西五百步，南北五十丈"，但他自己只有五尺之躯。多么热烈的美食家，他的朵颐之快也必须有间歇，否则会消化不良。每一种生理欲望都是会餍足的，并且严格地遵循着过犹不足的法则。山珍海味，挥金如土，更多的是摆阔气。藏娇纳妾，美女如云，更多的是图虚荣。万贯家财带来的最大快乐并非直接的物质享受，而是守财奴清点财产时的那份欣喜，败家子挥霍财产时的那份痛快。凡此种种，都已经超出生理满足的范围了，但称它们为精神享受未免肉麻，它们至多只是一种心理满足罢了。

我相信人必定是有灵魂的，而灵魂与感觉、思维、情绪、意志之类的心理现象必定属于不同的层次。灵魂是人的精神"自我"的栖居地，所寻求的是真挚的爱和坚实的信仰，关注的是生命意义的实现。幸福只是灵魂的事，它是爱心的充实，是一种活得有意义的鲜明感受。肉体只会有快感，不会有幸福感。奢侈的生活方式给人带来的至多是一种浅薄的优越感，也谈不上幸福感。当一个享尽人间荣华富贵的幸运儿仍然为生活的空虚苦恼时，他听到的正是他的灵魂的叹息。

谈　钱

一、钱对穷人最重要

金钱是衡量生活质量的指标之一。一个起码的道理是，在这个货币社会里，没有钱就无法生存，钱太少就要为生存操心。贫穷肯定是不幸，而金钱可以使人免于贫穷。

不要对我说钱不重要。试试看，让你没有钱，你还说不说这种话。对于穷人来说，钱意味着活命，意味着过最基本的人的生活。因为没有钱，多少人有病不能治，被本来可以治好的病夺去了生命。因为没有钱，这世上天天在上演着有声或无声的悲剧。

让我们记住，对于穷人来说，钱是第一重要的。让我们记住，对于我们的社会来说，让穷人至少有活命的钱是第一重要的。

二、钱的重要性递减

对于不是穷人的人，即基本生活已有保障的人，钱仍有其重要性。道理很简单：有更多的钱，可以买更多的物资和更好的服务，改善衣食住行及医疗、教育、文化、旅游等各方面的条件。但是，钱与生活质量之间的这种正比例关系是有一个限度的。超出了这个限度，钱对于生活质量的作用就呈递减的趋势。原因就在于，一个人的身体构造决定了他真正需要和能够享用的物质生活资料终归是有限的，多出来的部分只是奢华和摆设。

我认为，基本上可以用小康的概念来标示上面所说的限度。从贫困到小康是物质生活的飞跃，从小康再往上，金钱带来的物质生活的满足就逐渐减弱了，直至趋于零。单就个人物质生活来说，一个亿万富翁与一个千万富翁之间不会有什么重要的差别，钱超过了一定数量，便只成了抽象的数字。

至于在提供积极的享受方面，钱的作用就更为有限了。人生最美好的享受都依赖于心灵能力，是钱买不来的。钱能买来名画，买不来欣赏，能买来豪华旅游，买不来旅程中的精神收获。金钱最多只是我们获得幸福的条件之一，但永远不是充分条件，永远不能直接成为幸福。

三、快乐与钱关系不大

以为钱越多快乐就越多，实在是天大的误会。钱太少，不能维持生存，这当然不行。排除了这种情况，我可以断定，钱与快乐之间并无多少联系，更不存在正比例关系。

一对夫妇在法国生活，他们有别墅和花园，最近又搬进了更大的别墅和更大的花园。可是，他们告诉我，新居带来的快乐，最强烈的一次是二十年前在国内时，住了多年集体宿舍，单位终于分给一套一居室，后来住房再大再气派，也没有这样的快乐了。其实，许多人有类似的体验。问那些穷苦过的大款，他们现在经常山珍海味，可有过去吃到一顿普通的红烧肉快乐，回答必是否定的。

快乐与花钱多少无关。有时候，花掉很多钱，结果并不快乐。有时候，花很少的钱，买到情人喜欢的一件小礼物，孩子喜欢的一个小玩具，自己喜欢的一本书，就可以很快乐。得到也是如此。我收到的第一笔稿费只有几元钱，但当时快乐的心情远超过现在收到几千元的稿费。

伊壁鸠鲁早就说过：快乐较多依赖于心理，较少依赖于物质；更多的钱财不会使快乐超过有限钱财已经达到的水平。其实，物质所能带来的快乐终归是有限的，只有精神的快乐才有可能是无限的。

金钱只能带来有限的快乐，却可能带来无限的烦恼。一个看重钱的人，挣钱和花钱都是烦恼，他的心被钱占据，没有给快乐留下多少余地了。天下真正快乐的人，不管他钱多钱少，都必是超脱金钱的人。

四、可怕的不是钱，是贪欲

人们常把金钱称作万恶之源，照我看，这是错怪了金钱。钱本身在道德上是中性的，谈不上善恶。毛病不是出在钱上，而是出在对钱的态度上。可怕的不是钱，而是贪欲，即一种对钱贪得无厌的占有态度。当然，钱可能会刺激起贪欲，但也可能不会。无论在钱多钱少的人中，都有贪者，也都有不贪者。所以，关键还在人的素质。

贪与不贪的界限在哪里？我这么看：一个人如果以金钱本身或者它带来的奢侈生活为人生主要目的，他就是一个被贪欲控制了的人；相反，在不贪之人，金钱永远只是手段，一开始是保证基本生活质量的手段，在这个要求满足以后，则是实现更高人生理想的手段。当然，要做到这一点，前提是他确有更高的人生理想。

贪欲首先是痛苦之源。正如爱比克泰德所说："导致痛苦的不是贫穷，而是贪欲。"苦乐取决于所求与所得的比例，与所得大小无关。以钱和奢侈为目的，钱多了终归可以更多，生活奢侈了终归可以更奢侈，争逐和烦恼永无宁日。

其次，贪欲不折不扣是万恶之源。在贪欲的驱使下，为官必贪，有权在手就拼命纳贿敛财；为商必不仁，有利可图就不惜草菅人命。贪欲可以使人目中无法纪，心中无良知。今日社会上腐败滋生，不义横行，皆源于贪欲膨胀，当然也迫使人们叩问导致贪欲膨胀的体制之弊病。

贪欲使人堕落，不但表现在攫取金钱时的不仁不义，而且表现在攫得金钱后的纵欲无度。对金钱贪得无厌的人，除了少数守财奴，多是为了享乐，而他们对享乐的唯一理解是放纵肉欲。基本的肉欲是容易满足的，太多的金钱就用来在放纵上玩花样，找刺激，必然的结果是生活糜烂，禽兽不如。有灵魂的人第一讲道德，第二讲品位，贪欲使人二者都不讲，成为没有灵魂的行尸走肉。

五、做钱的主人，不做钱的奴隶

有的人是金钱的主人，无论钱多钱少都拥有人的尊严。有的人是金钱的奴隶，一辈子为钱所役，甚至被钱所毁。

判断一个人是金钱的奴隶还是金钱的主人，不能看他有没有钱，而要看他对金钱的态度。正是当一个人很有钱的时候，我们能够更清楚地看出这一点来。一个穷人必须为生存而操心，我们无权评判他对钱的态度。

做金钱的主人，关键是戒除对金钱的占有欲，抱一种不占有的态度。也就是真正把钱看作身外之物，不管是已到手的还是将到手的，都与之拉开距离，随时可以放弃。只有这样，才能在金钱面前保持自由的心态，做一个自由人。凡是对钱抱着占有欲的人，他同时也就被钱占有，成了钱的奴隶，如同古希腊哲学家彼翁在谈到一个富有的守财奴时所说："他并没有得到财富，而是财富得到了他。"

如何才算是做金钱的主人，哲学家的例子可供参考。苏格拉底说：一无所需最像神。第欧根尼说：一无所需是神的特权，所需甚少是类神之人的特权。这可以说是哲学家的共同信念。多数哲学家安贫乐道，不追求也不积聚钱财。有一些哲学家出身富贵，为了精神的自由而主动放弃财产，比如古代的阿那克萨戈拉和现代的维特根斯坦。古罗马哲学家塞内卡是另一种情况，身为宫廷重臣，他不但不拒绝反而享尽荣华富贵。不过，在享受的同时，他内心十分清醒，用他的话来说便是："我把命运女神赐予我的一切——金钱，官位，权势——都搁置在一个地方，我同它们保持很宽的距离,使她可以随时把它们取走,而不必从我身上强行剥走。"他说到做到,后来官场失意,权财尽失,乃至性命不保,始终泰然自若。

六、钱考验人的素质

财富既可促进幸福,也可导致灾祸,取决于人的精神素质。金钱是对人的精神素质的一个考验。拥有的财富越多,考验就越严峻。大财富要求大智慧,素质差者往往被大财富所毁。

看一个人素质的优劣,我们可以看他:获取财富的手段是否正当,能否对不义之财不动心;对已得之财能否保持超脱的心情,看作身外之物;富裕之后是否仍乐于过相对简朴的生活。

后面这一点很重要。奢华不但不能提高生活质量,往往还会降低生活质量,使人耽于物质享受,远离精神生活。只有在那些精神素质极好的人身上,才不会发生这种情况,而这又只因为他们其实并不在乎物质享受,始终把精神生活看得更珍贵。一个人在巨富之后仍乐于过简朴生活,正证明了灵魂的高贵,能够从精神生活中获得更大的快乐。

七、钱尤其考验企业家的素质

财富是我们时代最响亮的一个词,上至政治领袖,下至平民百姓,包括知识分子，都在理直气壮地说这个词了。过去不是这样，传统的宗教、哲学和道德都是谴责财富的，一般俗人即使喜欢财富，也羞于声张。公开讴歌财富，是资本主义造就的新观念。我承认这是财富观的一种进步。

不过，我们应当仔细分辨，这一新的财富观究竟新在哪里。按照韦伯的解释，资本主义精神的特点就在于，一方面把获取财富作为人生的重要成就予以鼓励，另一方面又要求节制物质享受的欲望。这里的关键是把财富的获取和使用加以分离了，获取不再是为了自己使用，在获取时要敬业，在使用时则要节制。很显然，新就新在肯定了财富的获取，只要手段正当，发财是光荣的。在财富的使用上，则继承了历史上宗教、哲学、道德崇尚节俭的传统，不管多么富裕，奢侈和挥霍仍是可耻的。

那么，怎样使用财富才是光荣的呢？既然不应该用于自己包括子孙的消费，当然就只能是回报社会了，民间公益事业因之而发达。事实上，在西方尤其美国的富豪中，前半生聚财、后半生散财已成惯例。在获取财富时，一个个都是精明的资本家，在使用财富时，一个个仿佛又都成了宗教家、哲学家和道德家。当老卡耐基说出"拥巨资而死者以耻辱终"这句箴言时，你不能不承认他的确有一种哲人风范。

就中国目前的情况而言，发展民间公益事业的条件也许还不很成熟。但是，有一个问题是成功的企业家所共同面临的：钱多了以后怎么办？是仍以赚钱乃至奢侈的生活为唯一目标，还是使企业的长远目标、管理方式、投资方向等更多地体现崇高的精神追求和社会使命感，由此最能见出一个企业家素质的优劣。如果说能否赚钱主要靠头脑的聪明,那么,如何花钱主要靠灵魂的高贵。也许企业家没有不爱钱的,但是,一个好的企业家肯定还有远胜于钱的所爱,那就是有意义的人生和有理想的事业。

不占有

我们总是以为，已经到手的东西便是属于自己的，一旦失去，就觉得蒙受了损失。其实，一切皆变，没有一样东西能真正占有。得到了一切的人，死时又交出一切。不如在一生中不断地得而复失，习以为常，也许能更为从容地面对死亡。

另一方面，对于一颗有接受力的心灵来说，没有一样东西会真正失去。

我失去了的东西，不能再得到了。我还能得到一些东西，但迟早还会失去。我最后注定要无可挽救地失去我自己。既然如此，我为什么还要看重得与失呢？到手的一切，连同我的生命，我都可以拿它们来做试验，至多不过是早一点失去罢了。

一切外在的欠缺或损失，包括名誉、地位、财产等等，只要不影响基本生存，实质上都不应该带来痛苦。如果痛苦，只是因为你在乎，愈在乎就愈痛苦。只要不在乎，就一根毫毛也伤不了。

守财奴的快乐并非来自财产的使用价值，而是来自所有权。所有权带来的心理满足远远超过所有物本身提供的生理满足。一件一心盼望获得的东西，未必要真到手，哪怕它被放到月球上，只要宣布它属于我了，就会产生一种愚蠢的欢乐。

耶稣说："富人要进入天国，比骆驼穿过针眼还要困难。"对耶稣所说的富人，不妨作广义的解释，凡是把自己所占有的世俗的价值，包括权力、财产、名声等等，看得比精神的价值更宝贵，不肯舍弃的人，都可以包括在内。如果心地不明，我们在尘世所获得的一切就都会成为负担，把我们变成负重的骆驼，而把通往天国的路堵塞成针眼。

东西方宗教都有布施一说。照我的理解，布施的本义是教人去除贪鄙之心，由不执着于财物，进而不执着于一切身外之物，乃至于这尘世的生命。如此才可明白，佛教何以把布施列为"六度"之首，即从迷惑的此岸渡向觉悟的彼岸的第一座桥梁。佛教主张"无我"，既然"我"不存在，也就不存在"我的"这回事了。无物属于自己，连自己也不属于自己，何况财物。明乎此理，人还会有什么得失之患呢？

大损失在人生中的教化作用：使人对小损失不再计较。

习惯于失去

出门时发现，搁在楼道里的那辆新自行车不翼而飞了。两年之中，这已是第三辆。我一面为世风摇头，一面又感到内心比前两次失窃时要平静得多。

莫非是习惯了？

也许是。近年来，我的生活中接连遭到惨重的失去，相比之下，丢辆把自行车真是不足挂齿。生活的劫难似乎使我悟出了一个道理：人生在世，必须习惯于失去。

一般来说，人的天性是习惯于得到，而不习惯于失去的。呱呱坠地，我们首先得到了生命。自此以后，我们不断地得到：从父母得到衣食、玩具、爱和抚育，从社会得到职业的训练和文化的培养。长大成人以后，我们靠着自然的倾向和自己的努力继续得到：得到爱情、配偶和孩子，得到金钱、财产、名誉、地位，得到事业的成功和社会的承认，如此等等。

当然，有得必有失，我们在得到的过程中也确实不同程度地经历了失去。但是，我们比较容易把得到看作是应该的，正常的，把失去看作是不应该的，不正常的。所以，每有失去，仍不免感到委屈。所失愈多愈大，就愈委屈。我们暗暗下决心要重新获得，以补偿所失。在我们心中的蓝图上，人生之路仿佛是由一系列的获得勾画出来的，而失去则是必须涂抹掉的笔误。总之，不管失去是一种多么频繁的现象，我们对它反正不习惯。

道理本来很简单：失去当然也是人生的正常现象。整个人生是一个不断地得而复失的过程，就其最终结果看，失去反比得到更为本质。我们迟早要失去人生最宝贵的赠礼——生命，随之也就失去了在人生过程中得到的一切。有些失去看似偶然，例如天灾人祸造成的意外损失，但也是无所不包的人生的题中应有之义。"人有旦夕祸福"，既然生而为人，就得有承受旦夕祸福的精神准备和勇气。至于在社会上的挫折和失利，更是人生在世的寻常遭际了。由此可见，不习惯于失去，至少表明对人生尚欠觉悟。一个只求得到不肯失去的人，表面上似乎富于进取心，实际上是很脆弱的，很容易在遭到重大失去之后一蹶不振。

由丢车引发这么多议论，可见还不是太不在乎。如果有人嘲笑我阿Q精神，我乐意承认。试想，对于人生中种种不可避免的失去，小至破财，大至死亡，没有一点阿Q精神行吗？由社会的眼光看，盗窃是一种不义，我们理应与之做力所能及的斗争，而不该摆出一副哲人的姿态容忍姑息。可是，倘若社会上有更多的人了悟人生根本道理，世风是否会好一些呢？那么，这也许正是我对不义所作的一种力所能及的斗争罢。

白兔和月亮

在众多的兔姐妹中,有一只白兔独具审美的慧心。她爱大自然的美,尤爱皎洁的月色。每天夜晚,她来到林中草地,一边无忧无虑地嬉戏,一边心旷神怡地赏月。她不愧是赏月的行家,在她的眼里,月的阴晴圆缺无不各具风韵。

于是,诸神之王召见这只白兔,向她宣布了一个慷慨的决定:

"万物均有所归属。从今以后,月亮归属于你,因为你的赏月之才举世无双。"

白兔仍然夜夜到林中草地赏月。可是,说也奇怪,从前的闲适心情一扫而光了,脑中只绷着一个念头:"这是我的月亮!"她牢牢盯着月亮,就像财主盯着自己的金窖。乌云蔽月,她便紧张不安,唯恐宝藏丢失。满月缺损,她便心痛如割,仿佛遭了抢劫。在她的眼里,月的阴晴圆缺不再各具风韵,反倒险象迭生,勾起了无穷的得失之患。

和人类不同的是,我们的主人公毕竟慧心未灭,她终于去拜见诸神之王,请求他撤销了那个慷慨的决定。

简单生活

在五光十色的现代世界中，让我们记住一个古老的真理：活得简单才能活得自由。

自古以来，一切贤哲都主张过一种简朴的生活，以便不为物役，保持精神的自由。

事实上，一个人为维持生存和健康所需要的物品并不多，超乎此的属于奢侈品。它们固然提供享受，但更强求服务，反而成了一种奴役。

现代人是活得愈来愈复杂了，结果得到许多享受，却并不幸福，拥有许多方便，却并不自由。

一个专注于精神生活的人，物质上的需求必定是十分简单的。因为他有重要得多的事情要做，没有工夫关心物质方面的区区小事；他沉醉于精神王国的伟大享受，物质享受不再成为诱惑。

在一个人的生活中，精神需求相对于物质需求所占比例越大，他就离神越近。

智者的特点是，一方面，很少的物质就能使他满足，另一方面，再多的物质也不能使他满足。原因只在于，他的心思不在这里，真正能使他满足的是精神事物。

在生存需要能够基本满足之后，是物质欲望仍占上风，继续膨胀，还是精神欲望开始上升，渐成主导，一个人的素质由此可以判定。

人活世上，有时难免要有求于人和违心做事。但是，我相信，一个人只要肯约束自己的贪欲，满足于过比较简单的生活，就可以把这些减少到最低限度。远离这些麻烦的交际和成功，实在算不得什么损失，反而受益无穷。我们因此获得了好心情和好光阴，可以把它们奉献给自己真正喜欢的人，真正感兴趣的事，而首先是奉献给自己。对于一个满足于过简单生活的人，生命的疆域是更加宽阔的。

人生应该力求两个简单：物质生活的简单；人际关系的简单。有了这两个简单，心灵就拥有了广阔的空间和美好的宁静。

现代人却在两个方面都复杂，物质生活上是财富的无穷追逐，人际关系上是利益的不尽纠葛，两者占满了生活的几乎全部空间，而人世间的大部分烦恼也是源自这两种复杂。

精神栖身于茅屋

如果你爱读人物传记，你就会发现，许多优秀人物生前都非常贫困。就说说那位最著名的印象派画家梵高吧，现在他的一幅画已经卖到了几千美元，可是，他活着时，他的一张画连一餐饭钱也换不回，经常挨饿，一生穷困潦倒，终致精神失常，在37岁时开枪自杀了。要论家境，他的家族是当时欧洲最大的画商，几乎控制着全欧洲的美术市场。作为一名画家，他有得天独厚的便利条件，完全可以像那些平庸画家那样迎合时尚以谋利，成为一个富翁，但他不屑于这么做。他说，他可不能把他唯一的生命耗费在给非常愚蠢的人画非常蹩脚的画上面，做艺术家并不意味着卖好价钱，而是要去发现一个未被发现的新世界。确实，梵高用他的作品为我们发现了一个全新的世界，一个万物在阳光中按照同一节奏舞蹈的世界。另一个荷兰人斯宾诺莎是名垂史册的大哲学家，他为了保持思想的自由，宁可靠磨镜片的收入维持最简单的生活，谢绝了海德堡大学以不触犯宗教为前提他去当教授的聘请。

我并不是提倡苦行僧哲学。问题在于，如果一个人太看重物质享受，就必然要付出精神上的代价。人的肉体需要是很有限的，无非是温饱，超于此的便是奢侈，而人要奢侈起来却是没有尽头的。温饱是自然的需要，奢侈的欲望则是不断膨胀的市场刺激起来的。你本来习惯于骑自行车，不觉得有什么欠缺，可是，当你看到周围不少人开上了汽车，你就会觉得你缺汽车，有必要也买一辆。富了总可以更富，事实上也必定有人比你富，于是你永远不会满足，不得不去挣越来越多的钱。这样，赚钱便成了你的唯一目的。即使你是画家，你哪里还顾得上真正的艺术追求；即使你是学者，你哪里还会在乎科学的良心？

所以，自古以来，一切贤哲都主张一种简朴的生活方式，目的就是为了不当物质欲望的奴隶，保持精神上的自由。古罗马哲学家塞涅卡说得好："自由人以茅屋为居室，奴隶才在大理石和黄金下栖身。"柏拉图也说：胸中有黄金的人是不需要住在黄金屋顶下面的。或者用孔子的话说："君子居之，何陋之有？"我非常喜欢关于苏格拉底的一个传说，这位被尊称为"师中之师"的哲人在雅典市场上闲逛，看了那些琳琅满目的货摊后惊叹："这里有多少我用不着的东西呵！"的确，一个热爱精神事物的人必定是淡然于物质的奢华的，而一个人如果安于简朴的生活，他即使不是哲学家，也相去不远了。

第五辑

成功与幸福

成功是优秀的副产品

在确定自己的人生目标时，首要的目标应该是优秀，其次才是成功。

所谓优秀，是指一个人的内在品质，即有高尚的人格和真实的才学。一个优秀的人，即使他在名利场上不成功，他仍能有充实的心灵生活，他的人生仍是充满意义的。相反，一个平庸的人，即使他在名利场上风光十足，他也只是在混日子，至多是混得好一些罢了。

事实上，一个人倘若真正优秀，而时代又不是非常糟，他获得成功的机会还是相当大的。即使生不逢辰，或者运气不佳，也多能在身后得到承认。

优秀者的成功往往是大成功，远非那些追名逐利之辈的渺小成功可比。人类历史上一切伟大的成功者都出自精神上优秀的人之中，不管在哪一个领域，包括创造财富的领域，做成大事业的决非只有一些小伎俩的精明之人，而必是对世界和人生有广阔思考和深刻领悟的拥有大智慧的人。

一个人能否成为优秀的人，基本上是可以自己做主的，能否在社会上获得成功，则在相当程度上要靠运气。所以，应该把成功看作优秀的副产品，不妨在优秀的基础上争取它，得到了最好，得不到也没有什么。在根本的意义上，作为一个人，优秀就已经是成功。

人生在世，首先应当追求的是优秀，而非成功。成为一个优秀的人，在此前提下，不妨把成功当作副产品来争取。

所谓优秀，是在人性的意义上说的，就是要把人之为人的禀赋发展得尽可能的好，把人性的品质在自己身上实现出来。按照我的理解，可以把这些品质概括为四项，即善良的生命、丰富的心灵、自由的头脑、高贵的灵魂。

真正的成功是做人的成功，即做一个有灵魂的人，一个精神上优秀的大写的人。这样的人即使在世俗的意义上不很成功，他的人生仍是充满意义的。不过，事实上，人类历史上一切伟大的成功者恰恰出于这样的人之中。

把优秀当作第一目标，而把成功当作优秀的副产品，这是最恰当的态度，有助于一个人获取成功，或者坦然地面对不成功。

也许，在任何时代，从事精神创造的人都面临着这个选择：是追求精神创造本身的成功，还是追求社会功利方面的成功？前者的判官是良知和历史，后者的判官是时尚和权力。在某些幸运的场合，两者会出现一定程度的一致，时尚和权力会向已获得显著成就的精神创造者颁发证书。但是，在多数场合，两者往往偏离甚至背道而驰，因为它们毕竟是性质不同的两件事，需要花费不同的功夫。即使真实的业绩受到足够的重视，决定升迁的还有观点异同、人缘、自我推销的干劲和技巧等其他因素，而总是有人不愿意在这些方面浪费宝贵的生命的。

现在书店里充斥着所谓励"志"实则励"欲"的垃圾书，其内容无非一是教人如何在名利场上拼搏，发财致富，出人头地，二是教人如何精明地处理人际关系，讨上司或老板欢心，在社会上吃得开。偏是这类东西似乎十分畅销，每次在书店看到它们堆放在最醒目的位置上，我就为这个时代感到悲哀。

励志没有什么不好，问题是励什么样的志。完全没有精神目标，一味追逐世俗的功利，这算什么"志"，恰恰是胸无大志。

看到书店出售教授交际术、成功术之类的畅销书，我总感到滑稽。一个人对某个人有好感，和他或她交了朋友，或者对某件事感兴趣，想方设法把它做成功，这本来都是自然而然的。不熟记要点就交不了朋友，不乞灵秘诀就做不成事业，可见多么缺乏真情感真兴趣了。但是，没有真情感，怎么会有真朋友呢？没有真兴趣，怎么会有真事业呢？既然如此，又何必孜孜于交际和成功？这样做当然有明显的功利动机，但那还是比较表面的，更深的原因是精神上的空虚，于是急于找捷径躲到人群和事务中去。我不知道其效果如何,只知道如果这样的交际家走近我身旁,我一定会更感寂寞,如果这样的成功者站在我面前,我一定会更觉无聊的。

对于真正有才华的人来说,机会是会以各种面目出现的。

灵性 + 耐性 = 成功。
但两者难以兼备,有灵性者往往缺乏耐性,有耐性者往往缺乏灵性,故成功者少。

比成功更重要的

在我看来，所谓成功就是把自己真正喜欢做的事情做好，其前提是要有自己真正喜欢做的事情。所以，比成功更重要的是，一个人必须有自己的真兴趣，知道自己究竟想要什么。

成功是一个社会概念，一个直接面对上帝和自己的人是不会太看重它的。

最基本的划分不是成功与失败，而是以伟大的成功和伟大的失败为一方，以渺小的成功和渺小的失败为另一方。

在上帝眼里，伟大的失败也是成功，渺小的成功也是失败。

有一些渺小的人获得了虚假的成功，他们的成功很快就被历史遗忘了。有一些伟大的人获得了真实的成功，他们的成功被历史永远记住了。但是，我知道，还有许多优秀的人，他们完全淡然于成功，最后也确实与成功无缘。对于这些人，历史既没有记住他们，也没有遗忘他们，他们是超越于历史之外的。

我们都很在乎成功和失败，但对之的理解却很不一样，有必要做出区分。譬如说，通常有两种不同的含义。其一是指外在的社会遭际，飞黄腾达为成，穷困潦倒为败。其二是指事业上的追求，目标达到为成，否则为败。可以肯定，抽象地谈问题，人们一定会拥护第二义而反对第一义。但是，事业有大小，目标有高低，所谓事业成败的意义也就十分有限。我不知道如何衡量人生的成败，也许人生是超越所谓成功和失败的评价的。

有一种人追求成功，只是为了能居高临下地蔑视成功。

我的野心是要证明一个没有野心的人也能得到所谓成功。

不过，我必须立即承认，这只是我即兴想到的一句俏皮话，其实我连这样的野心也没有。

我的"成功"（被社会承认，所谓名声）给我带来的最大便利是可以相对超脱于我所隶属的小环境及其凡人琐事，无须再为许多合理的然而琐屑的权利去进行渺小的斗争。那些东西，人们因为你的"成功"而愿意或不愿意地给你了，不给也无所谓了。

我相信一切深刻的灵魂都蕴藏着悲观。如果一种悲观可以轻易被外在的成功打消，我敢断定那不是悲观，而只是肤浅的烦恼。

最凄凉的不是失败者的哀鸣,而是成功者的悲叹。在失败者心目中,人间尚有值得追求的东西:成功。但获得成功仍然悲观的人,他的一切幻想都破灭了,他已经无可追求。失败者仅仅悲叹自己的身世;成功者若悲叹,必是悲叹整个人生。

成功的真谛

在通常意义上，成功指一个人凭自己的能力做出了一番成就，并且这成就获得了社会的承认。成功的标志，说穿了，无非是名声、地位和金钱。这个意义上的成功当然也是好东西。世上有人淡泊于名利，但没有人会愿意自己彻底穷困潦倒，成为实际生活中的失败者。歌德曾说："勋章和头衔能使人在倾轧中免遭挨打。"据我的体会，一个人即使相当超脱，某种程度的成功也仍然是好事，对于超脱不但无害反而有所助益。当你在广泛的范围里得到了社会的承认，你就更不必在乎在你所隶属的小环境里的遭遇了。众所周知，小环境里往往充满短兵相接的琐屑的利益之争，而你因为你的成功便仿佛站在了天地比较开阔的高处，可以俯视从而以此方式摆脱这类渺小的斗争。

但是，这样的俯视毕竟还是站得比较低的，只不过是恃大利而弃小利罢了，仍未脱利益的计算。真正站得高的人应该能够站到世间一切成功的上方俯视成功本身。一个人能否做出被社会承认的成就，并不完全取决于才能，起作用的还有环境和机遇等外部因素，有时候这些外部因素甚至起决定性作用。单凭这一点，就有理由不以成败论英雄。

我曾经在边远省份的一个小县生活了将近十年，如果不是大环境发生变化，也许会在那里"埋没"终生。我尝自问，倘真如此，我便比现在的我差许多吗？我不相信。当然，我肯定不会有现在的所谓成就和名声，但只要我精神上足够富有，我就一定会以另一种方式收获自己的果实。成功是一个社会概念，一个直接面对上帝和自己的人是不会太看重它的。

成功不是衡量人生价值的最高标准，比成功更重要的是，一个人要拥有内在的丰富，有自己的真性情和真兴趣，有自己真正喜欢做的事。只要你有自己真正喜欢做的事，你就在任何情况下都会感到充实和踏实。那些仅仅追求外在成功的人实际上是没有自己真正喜欢做的事的，他们真正喜欢的只是名利，一旦在名利场上受挫，内在的空虚就暴露无遗。

照我的理解，把自己真正喜欢做的事做好，尽量做得完美，让自己满意，这才是成功的真谛，如此感到的喜悦才是不掺杂功利考虑的纯粹的成功之喜悦。当一个母亲生育了一个可爱的小生命，一个诗人写出了一首美妙的诗，所感觉到的就是这种纯粹的喜悦。当然，这个意义上的成功已经超越了社会的评价，而人生最珍贵的价值和最美好的享受恰恰就寓于这样的成功之中。

职业和事业

在人生中，职业和事业都是重要的。大抵而论，职业关系到生存，事业关系到生存的意义。在现实生活中，两者的关系十分复杂，从重合到分离、背离乃至于根本冲突，种种情形都可能存在。人们常常视职业与事业的一致为幸运，但有时候，两者的分离也会是一种自觉的选择，例如斯宾诺莎为了保证以哲学为事业而宁愿以磨镜片为职业。因此，事情最后也许可以归结为一个人有没有真正意义上的事业，如果没有，所谓事业与职业的关系问题也就不存在，如果有，这个关系问题也就有了答案。

怎样确定一个职业是否适合自己？我认为应该符合三个条件：第一，有强烈的兴趣，甚至到了不给钱也一定要干的程度；第二，有明晰的意义感，确信自己的生命价值借此得到了实现；第三，能够靠它养活自己。

你做一项工作，只是为了谋生，对它并不喜欢，这项工作就只是你的职业。你做一项工作，只是因为喜欢，并不在乎它能否带来利益，这项工作就是你的事业。

最理想的情形是，事业和职业一致，做喜欢的事并能以之谋生。其次好的是，二者分离，业余做喜欢的事。最糟糕的是，根本没有自己真正喜欢做的事。

我相信，从理论上说，每一个人的禀赋和能力的基本性质是早已确定的，因此，在这个世界上必定有一种最适合他的事业，一个最适合他的领域。当然，在实践中，他能否找到这个领域，从事这种事业，不免会受客观情势的制约。但是，自己应该有一种自觉，尽量缩短寻找的过程。在人生的一定阶段上，一个人必须知道自己是怎样的人，到底想要什么了。

人的能力有两个层次。第一个层次是智力的一般品质，即是否养成了智力活动的兴趣和习惯，是否爱动脑子和善动脑子。第二个层次是个体的特殊禀赋，由基因或者说先天的生理心理特性所决定，因之而具备在某个特定领域发展的潜在优势。前者好，后者才会显示出来，这是铁的规律，一个智力迟钝的人是永远不可能发现自己有什么特殊禀赋的。首先让自己的一般智力品质发育得好，在此基础上找到最适合自己特殊禀赋的领域，使自己最好的能力得到最好的运用和发展，我称之为事业。

从人性看，仅仅作为谋生手段的工作是不快乐的，但是，作为人的心智能力和生命价值的实现的工作，则本应该是人生快乐的最重要源泉。

现在许多年轻人对职业不满意，然而，可悲的是，真给了他们选择的自由，他们只有一个标准，除了挣钱多一些，谋生得好一些之外，就不知道要什么了。

事业是精神性追求与社会性劳动的统一，精神性追求是其内涵和灵魂，社会性劳动是其形式和躯壳，二者不可缺一。

所以，一个仅仅为了名利而从政、经商、写书的人，无论他在社会上获得了怎样的成功，都不能说他有事业。

所以，一个不把自己的理想、思考、感悟体现为某种社会价值的人，无论他内心多么真诚，也不能说他有事业。

一个不知对自己的人生负有什么责任的人，他甚至无法弄清他在世界上的责任是什么。许多人对责任的关系是完全被动的，他们之所以把一些做法视为自己的责任，不是出于自觉的选择，而是由于习惯、时尚、舆论等原因。譬如说，有的人把偶然却又长期从事的某一职业当作了自己的责任，从不尝试去拥有真正适合自己本性的事业。有的人看见别人发财和挥霍，便觉得自己也有责任拼命挣钱花钱。有的人十分看重别人尤其上司对自己的评价，谨小慎微地为这种评价而活着。由于他们不曾认真地想过自己的人生使命究竟是什么，在责任问题上也就必然是盲目的了。

爱情与事业，人生的两大追求，其实质为一，均是自我确认的方式。爱情是通过某一异性的承认来确认自身的价值，事业是通过社会的承认来确认自身的价值。

在人类一切事业中，情感都是原动力，而理智则有时是制动器，有时是执行者。或者说，情感提供原材料，理智则做出取舍，进行加工。世上决不存在单凭理智就能够成就的事业。

所以，无论哪一领域的天才，都必是具有某种强烈情感的人。区别只在于，由于理智加工程度和方式的不同，对那作为原材料的情感，我们从其产品上或者容易认出，或者不容易认出罢了。

人类历史上的一切优秀者，不管是哪一领域的，必是对世界和人生有自己广阔的思考和独特的理解的人。一个人只有小聪明而没有大智慧，却做成了大事业，这样的例子古今中外都不曾有过呢。

对于我来说，人生即事业，除了人生，我别无事业。我的事业就是要穷尽人生的一切可能性。这是一个肯定无望但极有诱惑力的事业。

赚不到钱也干，才是真正干事业，包括——经商！

做自己喜欢做的事

一个人活在世上,必须有自己真正爱好的事情,才会活得有意思。这爱好完全是出于他的真性情的,而不是为了某种外在的利益,例如为了金钱、名声之类。他喜欢做这件事情,只是因为他觉得事情本身非常美好,他被事情的美好所吸引。这就好像一个园丁,他仅仅因为喜欢而开辟了一块自己的园地,他在其中培育了许多美丽的花木,为它们倾注了自己的心血。当他在自己的园地上耕作时,他心里非常踏实。无论他走到哪里,他也都会牵挂着那些花木,如同母亲牵挂着自己的孩子。这样一个人,他一定会活得很充实的。相反,一个人如果没有自己的园地,不管他当多大的官,做多大的买卖,他本质上始终是空虚的。这样的人一旦丢了官,破了产,他的空虚就暴露无遗了,会惶惶然不可终日,发现自己在世界上无事可做,也没有人需要他,成了一个多余的人。

世界无限广阔,诱惑永无止境,然而,属于每一个人的现实可能性终究是有限的。你不妨对一切可能性保持着开放的心态,因为那是人生魅力的源泉,但同时你也要早一些在世界之海上抛下自己的锚,找到最适合自己的领域。一个人不论伟大还是平凡,只要他顺应自己的天性,找到了自己真正喜欢做的事,并且一心把自己喜欢做的事做得尽善尽美，他在这世界上就有了牢不可破的家园。于是，他不但会有足够的勇气去承受外界的压力，而且会有足够的清醒来面对形形色色的机会的诱惑。

每个人生活中最重要的部分是自己所热爱的那项工作，他借此而进入世界，在世上立足。有了这项他能够全身心投入的工作，他的生活就有了一个核心，他的全部生活围绕这个核心组织成了一个整体。没有这个核心的人，他的生活是碎片，譬如说，会分裂成两个都令人不快的部分，一部分是折磨人的劳作，另一部分是无所用心的休闲。

看一件事情是不是你的事业，有两个标准。一是真兴趣，你对它真正喜欢，做事情的过程本身就是最大的愉快，因而不再在乎外在的报酬和结果。这说明这个事情是真正适合于你的天赋的，你的最好的能力在其中得到了运用和发展。另一是意义感，通过做这个事情，你感到你的生命意义、人生价值得到了实现。

现在很多人的问题就在这里，他们没有这样的一件事情，于是只好把外在的东西作为标准，什么事情挣钱多、显得风光，社会上大家在争什么，他也朝那里挤。在没头脑的激烈竞争中，输了当然不痛快，但什么叫赢了？总是比上不足，所以心态总是不平衡。

我对成功的理解：把自己喜欢做的事做得尽善尽美，让自己满意，不要去管别人怎么说。

真实的、不可遏制的兴趣是天赋的可靠标志。

最好的职业是有业无职，就是有事业，而无职务、职位、职称、职责之束缚，能够自由地支配自己的时间，做自己喜欢做的事。例如艺术家、作家、学者，当然，前提是他们真正热爱艺术、文学和学术。否则，职务、职位、职称俱全而唯独无事业的所谓艺术家、作家、学者，今天有的是。

人的身体是受心灵支配的，心态好是最好的养生。怎么做到心态好？我的体会是，一定要有自己喜欢做的事，快乐的工作是养生的良药。

我们活在世上，必须知道自己究竟想要什么。一个人认清了他在这世界上要做的事情，并且在认真地做着这些事情，他就会获得一种内在的平静和充实。

在商场里，有的人总是朝人多的地方挤，去抢购大家都在买的东西，结果买了许多自己不需要的东西，还为没有买到另外许多自己不需要的东西而痛苦。那些不知道自己究竟想要什么的人，就生活在同样可悲的境况中。

快乐工作的能力

我们在这个世界上生活，快乐是人人都想要的东西。不过，在多数情况下，快乐与工作好像没有什么关系。相反，人们似乎只有在工作之外才能找到快乐，下班之后、双休日、节假日才是一天、一周、一年中的快乐时光。当然，快乐是需要钱的，为此就必须工作，工作的价值似乎只是为工作之外的快乐埋单。

工作本身不快乐，快乐只在工作之外，这种情况相当普遍，但并不合理，因为不合人性。

什么是快乐？快乐是人性或者说人的需要得到满足的一种状态。人性有三个层次。一是生物性，即食色温饱之类生理需要，满足则感到肉体的快乐。二是社会性，比如交往、被关爱、受尊敬的需要，满足则感到情感的快乐。三是精神性，包括头脑和灵魂，头脑有进行智力活动的需要，灵魂有追求和体悟生活意义的需要，二者的满足使人感到的是精神的快乐。

精神性是人的最高属性，正是作为精神性的存在，人与动物有了本质的区别。同样，精神的快乐是人所能获得的最高快乐，远比肉体的快乐更持久也更美好。获得精神快乐的途径有两类：一类是接受的，比如阅读、欣赏艺术品等；另一类是给予的，就是工作。正是在工作中，人的心智能力和生命价值都得到了积极实现，人感受到了生命的最高意义。如同纪伯伦所说：工作是看得见的爱，通过工作来爱生命，你就领悟了生命的最深刻秘密。

当然，这里所说的工作不同于仅仅作为职业的工作，人们通常把它称作创造或自我实现。但就人性而言，这个意义上的工作原是属于一切人的。人人都有天赋的心智能力，区别在于是否得到了充分运用和发展。现在我们明白快乐工作与不快乐工作的界限在哪里了：仅仅作为谋生手段的工作是不快乐的，作为人的心智能力和生命价值的实现的工作是快乐的。用马克思的话说，前者是一个必然王国，后者是一个自由王国。

毫无疑问，在现实生活中，我们都还必须为谋生而工作。最理想的情况是谋生与自我实现达成一致，做自己真正喜欢做的事情，同时又能借此养活自己。能否做到这一点，在一定程度上要靠运气。一个人只要有自己真正的志趣，终归是有许多机会向这个目标接近的。就个人而言，最重要的还是要有自己真正的志趣，机会只可能对这样的人开放。也就是说，一个人首先必须具备快乐工作的愿望和能力，然后才谈得上快乐工作。

正是在这方面，今天青年人的情况令人担忧。据"中国大学生最佳雇主调查"表明，在大学生对雇主的评价中，摆在首位的是全面薪酬和品牌实力两个因素。择业时考虑薪酬不足怪，我的担心是，许多人也许只有这一类外在标准，没有任何内心要求，对工作的唯一诉求是挣钱，挣钱越多就越是好工作，对于作为自我实现的工作毫无概念，那就十分可悲了。

事实上，工作的快乐与学习的快乐是一脉相承、性质相同的，基本的因素都是好奇心的满足、发现和创造的喜悦、智力的运用和得胜、心灵能力的生长等。一个学生倘若在学校的学习中从未体会过这些快乐，在走出学校之后，他怎么可能向工作要求这些快乐呢？学校教育的使命是让学生学会快乐地学习，为将来快乐地工作打好基础。能够快乐地学习和工作，这是精神上优秀的征兆。说到底，幸福是一种能力，它属于那些有着智慧的头脑和丰富的灵魂的优秀的人。首先要成为一个优秀的人，而只把成功看作优秀的副产品。不求优秀，只求成功，求得的至多是谋生的成功罢了。

毋庸讳言，把大学办成职业培训场，只教给学生一些狭窄的专业知识，结果必然使大多数学生心目中只有就业这一个可怜的目标，只知道作为谋生手段的这一种不快乐的工作。这种做法极其近视，即使从经济发展的角度看，一个社会是由心智自由活泼的成员组成，还是由只知谋生的人组成，何者有更好的前景，答案应是不言而喻的。对于企业来说也是如此，许多企业已经强烈地感觉到，那些只有学历背景和专业技能、整体素质差的大学生完全不能适合其发展的需要。教育与市场直接挂钩，其结果反而是人才的紧缺，这表明市场本身已开始向教育提出质疑，要求它与自己拉开距离。教育应该比市场站得高看得远，培养出人性层面上真正优秀的人才，这样的人才自会给社会——包括企业和市场——增添活力。

创造的幸福

生活质量的要素：一、创造；二、享受；三、体验。

其中，创造在生活中所占据的比重，乃是衡量一个人的生活质量的主要标准。

一个人创造力的高低，取决于两个因素，一是有无健康的生命本能，二是有无崇高的精神追求。这两个因素又是密切关联、互相依存的，生命本能若无精神的目标是盲目的，精神追求若无本能的发动是空洞的。它们的关系犹如土壤和阳光，一株植物唯有既扎根于肥沃的土壤，又沐浴着充足的阳光，才能茁壮地生长。

创造力无非是在强烈的兴趣推动下的持久的努力。其中最重要的因素，第一是兴趣，第二是良好的工作习惯。通俗地说，就是第一要有自己真正喜欢做的事，第二能够全神贯注又持之以恒地把它做好。在这过程中，人的各种智力品质，包括好奇心、思维能力、想象力、直觉、灵感等等，都会被调动起来，为创造做出贡献。

人要做成一点事情，第一靠热情，第二靠毅力。我在各领域一切有大作为的人身上，都发现了这两种品质。

　　首先要有热情，对所做的事情真正喜欢，以之为乐，全力以赴。但是，单有热情还不够，因为即使是喜欢做的事情，只要它足够大，其中必包含艰苦、困难乃至枯燥，没有毅力是坚持不下去的。何况在人生之中，人还经常要面对自己不喜欢但必须做的事情，那时候就完全要靠毅力了。

　　一个人的工作是否值得尊敬，取决于他完成工作的精神而非行为本身。这就好比造物主在创造万物之时，是以同样的关注之心创造一朵野花、一只小昆虫或一头巨象的。无论做什么事情，都力求尽善尽美，并从中获得极大的快乐，这样的工作态度中蕴涵着一种神性，不是所谓职业道德或敬业精神所能概括的。

　　一切从工作中感受到生命意义的人，勋章不能报偿他，亏待也不会使他失落。内在的富有找不到、也不需要世俗的对应物。像托尔斯泰、卡夫卡、爱因斯坦这样的人，没有得诺贝尔奖于他们何损，得了又能增加什么？只有那些内心中没有欢乐源泉的人，才会斤斤计较外在的得失，孜孜追求教授的职称、部长的头衔和各种可笑的奖状。他们这样做可以理解，因为倘若没有这些，他们便一无所有。

　　圣埃克苏佩里把创造定义为"用生命去交换比生命更长久的东西"，

我认为非常准确。创造者与非创造者的区别就在于，后者只是用生命去交换维持生命的东西，仅仅生产自己直接或间接用得上的财富；相反，前者工作是为了创造自己用不上的财富，生命的意义恰恰是寄托在这用不上的财富上。

繁忙中清静的片刻是一种享受，而闲散中紧张创作的片刻则简直是一种幸福了。

天才是伟大的工作者。凡天才必定都是热爱工作、养成了工作的习惯的人。当然，这工作是他自己选定的，是由他的精神欲望发动的，所以他乐在其中，欲罢不能。那些无此体验的人从外面看他，觉得不可理解，便勉强给了一个解释，叫作勤奋。

俗人有卑微的幸福，天才有高贵的痛苦，上帝的分配很公平。对此愤愤不平的人，尽管自命天才，却比俗人还不如。

度一个创造的人生

如果要用一个词来概括人类精神生活的特征,那么,最合适的便是这个词——创造。

所谓创造,未必是指发明某种新的技术,也未必是指从事艺术的创作,这些仅是创造的若干具体形态罢了。创造的含义要深刻得多,范围也要广泛得多。人之区别于动物就在于人有一个灵魂,灵魂使人不能满足于动物式的生存,而要追求高出于生存的价值,由此展开了人的精神生活。大自然所赋予人的只是生存,因而,人所从事的超出生存以上的活动都是给大自然的安排增添了一点新东西,无不具有创造的性质。这样的活动当然不是肉体(它只要求生存)、而是由灵魂发动的。正是在创造中,人用行动实现着对真、善、美的追求,把自己内心所珍爱的价值变成可以看见和感觉到的对象。

由此可见,决定一种活动是否具有创造性的关键在于有无灵魂的真正参与。一个画匠画了一幅毫无灵感的画,一个学究写了一本人云亦云的书,他们都不是在创造。相反,如果你真正陶醉于一片风景、一首诗、一段乐曲的美,如果你对某个问题形成了你的独特的见解,那么你就是在创造。

许多哲学家都曾强调劳作与创造的区别,前者是非精神性的,后者是精神性的。在这方面，马克思的看法也许仍是最有启发意义的。他认为，人的本性是更喜欢从事自由的创造活动的，因为人在这种活动中能够充分实现自己的能力和价值，从而获得精神上的享受。然而，为了生存，人又必须从事生产活动。因此，可以把我们的时间划分为必要劳动时间和自由时间。一个理想的社会应当把必要劳动时间缩短到最低限度，以便为每个人从事创造活动腾出充足的自由时间。这个道理对于个人也是适用的。一个人只是为谋生或赚钱而从事的活动都属于劳作，而他出于自己的真兴趣和真性情从事的活动则属于创造。劳作仅能带来外在的利益，唯创造才能获得心灵的快乐。但外在的利益是一种很实在的诱惑，往往会诱使人们无休止地劳作，竟至于一辈子体会不到创造的乐趣。在我看来，创造在生活中所占据的比重，乃是衡量一个人的生活质量的主要标准。

真正的创造是不计较结果的，它是一个人的内在力量的自然而然的实现，本身即是享受。有一位夫人督促罗曼·罗兰抓紧写作，快出成果，罗曼·罗兰回答说："一棵树不会太关心它结的果实，它只是在它生命液汁的欢乐流溢中自然生长，而只要它的种子是好的，它的根扎在沃土中，它必将结好的果实。"我非常欣赏这个回答。只要你的心灵是活泼的，敏锐的，只要你听从这心灵的吩咐，去做能真正使它快乐的事，那么，不论你终于做成了什么事，也不论社会对你的成绩怎样评价，你都是度了一个有意义的创造的人生。

最合宜的位置

我相信,每一个人降生到这个世界上来,一定有一个对于他最合宜的位置,这个位置仿佛是在他降生时就给他准备了的,只等他有一天来认领。我还相信,这个位置既然仅仅对于他是最合宜的,别人就无法与他竞争,如果他不认领,这个位置就只是浪费掉了,而并不是被别人占据了。我之所以有这样的信念,则是因为我相信,上帝造人不会把两个人造得完全一样,每一个人的禀赋都是独特的,由此决定了能使其禀赋和价值得到最佳实现的那个位置也必然是独特的。

然而,一个人要找到这个对于他最合宜的位置,却又殊不容易。环境的限制,命运的捉弄,都可能阻碍他走向这个位置。即使客观上不存在重大困难,由于心智的糊涂和欲望的蒙蔽,他仍可能在远离这个位置的地方徘徊乃至折腾。尤其在今天这个充满诱惑的时代,不少人奋力争夺名利场上的位置,甚至压根儿没想到世界上其实有一个仅仅属于他的位置,而那个位置始终空着。

我的这个认识,是在许多年里逐渐清晰起来的,现在可以说到了牢不可破的地步。我丝毫不怀疑,我现在所在的这个位置是最适合于我的,因此,外界的诱惑对我发生不了什么作用了。可是,若有人问我这究竟是一个什么位置,我好像又说不清楚。可以肯定的是,完全不能用学者、作家之类的职业来定义它。如果勉强说，就说它是一种很安静的生活状态吧。现在我的生活基本上由两件事情组成，一是读书和写作，我从中获得灵魂的享受，另一是亲情和友情，我从中获得生命的享受。亲情和友情使我远离社交场的热闹，读书和写作使我远离名利场的热闹。人最宝贵的两样东西，生命和灵魂，在这两件事情中得到了妥善的安放和真实的满足，夫复何求，所以我过着很安静的生活。

我当然知道，这种很安静的生活适合于我，未必适合于别人。一定有人更适合于过一种轰轰烈烈的生活，他们不妨去叱咤风云，指点江山，一展宏图。人的禀赋各不相同，共同的是，一个位置对于自己是否最合宜，标准不是看社会上有多少人争夺它，眼红它，而应该去问自己的生命和灵魂，看它们是否真正感到快乐。

第六辑

做自己的朋友

自爱和自尊

卢梭说:"大自然塑造了我,然后把模子打碎了。"这话听起来自负,其实适用于每一个人。可惜的是,多数人忍受不了这个失去了模子的自己,于是又用公共的模子把自己重新塑造一遍,结果彼此变得如此相似。

自爱者才能爱人,富裕者才能馈赠。给人以生命欢乐的人,必是自己充满着生命欢乐的人。一个不爱自己的人,既不会是一个可爱的人,也不可能真正爱别人。他带着对自己的怨恨到别人那里去,就算他是去行善的吧,他的怨恨仍会在他的每一件善行里显露出来,加人以损伤。受惠于一个自怨自艾的人,还有比这更不舒服的事吗?

只爱自己的人不会有真正的爱,只有骄横的占有。不爱自己的人也不会有真正的爱,只有谦卑的奉献。

如果说爱是一门艺术,那么,恰如其分的自爱便是一种素质,唯有具备这种素质的人才能成为爱的艺术家。

人与人之间有同情,有仁义,有爱。所以,世上有克己助人的慈悲和舍己救人的豪侠。但是,每一个人终究是一个生物学上和心理学上的个体，最切己的痛痒唯有自己能最真切地感知。在这个意义上，对于每一个人来说，他最关心的还是他自己，世上最关心他的也还是他自己。要别人比他自己更关心他，要别人比关心每人自己更关心他，都是违背作为个体的生物学和心理学特性的。结论是：每个人都应该自立。

我曾和一个五岁男孩谈话，告诉他，我会变魔术，能把一个人变成一只苍蝇。他听了十分惊奇，问我能不能把他变成苍蝇，我说能。他陷入了沉思，然后问我，变成苍蝇后还能不能变回来，我说不能，他决定不让我变了。我也一样，想变成任何一种人，体验任何一种生活，包括国王、财阀、圣徒、僧侣、强盗、妓女等，甚至也愿意变成一只苍蝇，但前提是能够变回我自己。所以，归根到底，我更愿意是我自己。

对于别人的痛苦，我们的同情一开始可能相当活跃，但一旦痛苦持续下去，同情就会消退。我们在这方面的耐心远远不如对于别人的罪恶的耐心。一个我们不得不忍受的别人的罪恶仿佛是命运，一个我们不得不忍受的别人的痛苦却几乎是罪恶了。

我并非存心刻薄，而是想从中引出一个很实在的结论：当你遭受巨大痛苦时，你要自爱，懂得自己忍受，尽量不用你的痛苦去搅扰别人。

失败者往往会成为成功者的负担。
失败者的自尊在于不接受施舍，成功者的自尊在于不以施主自居。

获得理解是人生的巨大欢乐。然而，一个孜孜以求理解、没有旁人的理解便痛不欲生的人却是个可怜虫，把自己的价值完全寄托在他人的理解上面的人往往并无价值。

做自己的一个冷眼旁观者和批评者，这是一种修养，它可以使我们保持某种清醒，避免落入自命不凡或者顾影自怜的可笑复可悲的境地。

尽管世上有过无数片叶子，还会有无数片叶子，尽管一切叶子都终将凋落，我仍然要抽出自己的绿芽。

人人都在写自己的历史，但这历史缺乏细心的读者。我们没有工夫读自己的历史，即使读，也是读得何其草率。

拥有"自我"

一个人怎样才算拥有"自我"呢？我认为有两个可靠的标志。

一是看他有没有自己的真兴趣，亦即自己安身立命的事业，他能够全身心地投入其中，并感到内在的愉快和充实。如果有，便表明他正在实现"自我"，这个"自我"是指他的个性，每个人独特的生命价值。

二是看他有没有自己的真信念，亦即自己处世做人的原则，那是他的精神上的坐标轴，使他在俗世中不随波逐流。如果有，便表明他拥有"自我"，这个"自我"是指他的灵魂，一个坚定的精神核心。

这两种意义上的"自我"都不是每个人一出生就拥有的，而是在人生过程中不断选择和创造的结果。正因为此，每个人都要为自己成为怎样的人负责。

每个人都是一个独一无二的个体，都应该认识自己独特的禀赋和价值，从而自我实现，真正成为自己。

一个人应该认清自己的天性，知道自己究竟是什么样的人，从而过最适合于他的天性的生活，而对他而言这就是最好的生活。明乎此，他就不会在喧闹的人世间迷失方向了。

人必须有人格上的独立自主。你诚然不能脱离社会和他人生活,但你不能一味攀缘在社会建筑物和他人身上。你要自己在生命的土壤中扎根。你要在人生的大海上抛下自己的锚。一个人如果把自己仅仅依附于身外的事物,即使是极其美好的事物,顺利时也许看不出他的内在空虚,缺乏根基,一旦起了风浪,例如社会动乱,事业挫折,亲人亡故,失恋,等等,就会一蹶不振乃至精神崩溃。

一个人从懵懂无知开始,似乎完全忘记了自己的本来面目。但是,随着年岁和经历的增加,那天赋的性质渐渐显露,使他不自觉地对生活有一种基本的态度。在一定意义上,"认识你自己"就是要认识附着在凡胎上的这个灵魂,一旦认识了,过去的一切都有了解释,未来的一切都有了方向。

在一定意义上,可以把"认识你自己"理解为认识你的内在自我,那个使你之所以成为你的核心和根源。认识了这个东西,你就心中有数了,知道怎样的生活才是合乎你的本性的,你究竟应该要什么和可以要什么了。

然而,内在的自我必定也是隐蔽的,怎样才能认识它呢?我觉得我找到了一个方便的路径。事实上,我们平时做事和与人相处,这个内在自我始终是在表态的,只是往往不被我们留意罢了。那么,让我们留意,做什么事，与什么人相处，我们发自内心感到喜悦，或者相反，感到厌恶，那便是内在自我在表态。就此而论，认清你自己最真实的好恶就是认识了你自己，而你在这个世界上倘若有自己真正钟爱的事和人，就可以算是在实现自我了。

耶稣说："一个人赚得了整个世界，却丧失了自我，又有何益？"他在向其门徒透露自己的基督身份后说这话，可谓意味深长。真正的救世主就在我们每个人自己身上，便是那个清明宁静的自我。这个自我即是我们身上的神性，只要我们能守住它，就差不多可以说上帝和我们同在了。守不住它，一味沉沦于世界，我们便会浑浑噩噩，随波飘荡，世界也将沸沸扬扬，永无得救的希望。

独特，然后才有沟通。毫无特色的平庸之辈厮混在一起，只有委琐，岂可与语沟通。每人都展现出自己独特的美，开放出自己的奇花异卉，每人也都欣赏其他一切人的美，人人都是美的创造者和欣赏者，这样的世界才是赏心悦目的人类家园。

尽管世上有过无数片叶子，还会有无数片叶子，尽管一切叶子都终将凋落，我仍然要抽出自己的绿芽。

此刻我心中涌现出一些多么生动的感觉，使我确信我活着，——正是我，不是别人，这个我不会和别人混同。于是我想，在我的生命中还是有太多的空白，那时候感觉沉睡着，我浑浑噩噩，与芸芸众生没有什么两样。

每到一个陌生的城市，我的习惯是随便走走，好奇心驱使我去探寻这里的热闹的街巷和冷僻的角落。在这途中，难免暂时地迷路，但心中一定要有把握，自信能记起回住处的路线，否则便会感觉不踏实。我想，人生也是如此。你不妨在世界上闯荡，去建功创业，去探险猎奇，去觅情求爱，可是，你一定不要忘记了回家的路。这个家，就是你的自我，你自己的心灵世界。

一个人为了实现自我，必须先在非我的世界里漫游一番。但是，有许多人就迷失在这漫游途中了，沾沾自喜于他们在社会上的小小成功，不再想回到自我。成功使他们离他们的自我愈来愈远，终于成为随波逐流之辈。另有一类灵魂，时时为离家而不安，漫游愈久而思家愈切，唯有他们，无论成功失败，都能带着丰富的收获返回他们的自我。

"记住回家的路"这句话有两层意思。其一，人活在世上，总要到社会上去做事的。如果说这是一种走出家门，那么，回家便是回到每个人的自我，回到个人的内心生活。一个人倘若只有外在生活，没有内心生活，他最多只是活得热闹或者忙碌罢了，绝不可能活得充实。其二，如果把人生看作一次旅行，那么，只要活着，我们就总是在旅途上。人在旅途，怎能没有乡愁？乡愁使我们追思世界的本原，人生的终极，灵魂的永恒故乡。总括起来，"记住回家的路"就是：记住从社会回到自我的路，记住从世界回到上帝的路。人当然不能不活在社会上和世界中，但是，时时记起回家的路，便可以保持清醒，不在社会的纷争和世界的喧嚣中沉沦。

我走在自己的路上了。成功与失败、幸福与苦难都已经降为非常次要的东西。最重要的东西是这条路本身。

他们一窝蜂挤在那条路上，互相竞争、推搡、阻挡、践踏。前面有什么？不知道。既然大家都朝前赶，肯定错不了。

你悠然独行，不慌不忙，因为你走在自己的路上，它仅仅属于你，没有人同你争。

成为你自己

童年和少年是充满美好理想的时期。如果我问你们,你们将来想成为怎样的人,你们一定会给我许多漂亮的回答。譬如说,想成为拿破仑那样的伟人,爱因斯坦那样的大科学家,曹雪芹那样的文豪,等等。这些回答都不坏,不过,我认为比这一切都更重要的是:首先应该成为你自己。

姑且假定你特别崇拜拿破仑,成为像他那样的盖世英雄是你最大的愿望。好吧,我问你:就让你完完全全成为拿破仑,生活在他那个时代,有他那些经历,你愿意吗?你很可能会激动得喊起来:太愿意啦!我再问你:让你从身体到灵魂整个儿都变成他,你也愿意吗?这下你或许有些犹豫了,会这么想:整个儿变成了他,不就是没有我自己了吗?对了,我的朋友,正是这样。那么,你不愿意了?当然喽,因为这意味着世界上曾经有过拿破仑,这个事实没有改变,唯一的变化是你压根儿不存在了。

由此可见,对于每一个人来说,最宝贵的还是他自己。无论他多么羡慕别的什么人,如果让他彻头彻尾成为这个别人而不再是自己,谁都不肯了。

也许你会反驳我说:你说的真是废话,每个人都已经是他自己了,怎么会彻头彻尾成为别人呢？不错，我只是在假设一种情形，这种情形不可能完全按照我所说的方式发生。不过，在实际生活中，类似情形却常常在以稍微不同的方式发生着。真正成为自己可不是一件容易的事。世上有许多人，你可以说他是随便什么东西，例如是一种职业、一种身份、一个角色，唯独不是他自己。如果一个人总是按照别人的意见生活，没有自己的独立思考，总是为外在的事务忙碌，没有自己的内心生活，那么，说他不是他自己就一点儿也没有冤枉他。因为确确实实，从他的头脑到他的心灵，你在其中已经找不到丝毫真正属于他自己的东西了，他只是别人的一个影子和事务的一架机器罢了。

那么，怎样才能成为自己呢？这是真正的难题，我承认我给不出一个答案。我还相信，不存在一个适用于一切人的答案。我只能说，最重要的是每个人都要真切地意识到他的"自我"的宝贵，有了这个觉悟，他就会自己去寻找属于他的答案。在茫茫宇宙间，每个人都只有一次生存的机会，都是一个独一无二、不可重复的存在。名声、财产、知识等等是身外之物，人人都可求而得之，但没有人能够代替你感受人生。你死之后，没有人能够代替你再活一次。如果你真正意识到了这一点，你就会明白，活在世上，最重要的事就是活出你自己的特色和滋味来。你的人生是否有意义，衡量的标准不是外在的成功，而是你对人生意义的独特领悟和坚守，从而使你的自我闪放出个性的光华。

最好的朋友是你自己

人在世上都离不开朋友,但是,最忠实的朋友还是自己,就看你是否善于做自己的朋友了。要能够做自己的朋友,你就必须比那个外在的自己站得更高,看得更远,从而能够从人生的全景出发给他以提醒、鼓励和指导。

在我们每个人身上,除了外在的自我以外,都还有着一个内在的精神性的自我。可惜的是,许多人的这个内在自我始终是昏睡着的,甚至是发育不良的。为了使内在自我能够健康生长,你必须给它以充足的营养。如果你经常读好书、沉思、欣赏艺术,拥有丰富的精神生活,你就一定会感觉到,在你身上确实还有一个更高的自我,这个自我是你的人生路上的坚贞不渝的精神密友。

我身上有两个自我。一个好动,什么都要尝试,什么都想经历。另一个喜静,对一切加以审视和消化。这另一个自我,仿佛是它把我派遣到人间活动,同时又始终关切地把我置于它的视野之内,随时准备把我召回它的身边。即使我在世上遭受最悲惨的灾难和失败,只要识得返回它的途径,我就不会全军覆没。它是我的守护神,为我守护着一个永远的家园，使我不致无家可归。

　　自我是一个中心点，一个人有了坚实的自我，他在这个世界上便有了精神的坐标，无论走多远都能够找到回家的路。换一个比方，我们不妨说，一个有着坚实的自我的人便仿佛有了一个精神的密友，他无论走到哪里都带着这个密友，这个密友将忠实地分享他的一切遭遇，倾听他的一切心语。

　　世事的无常使得古来许多贤哲主张退隐自守，清静无为，无动于衷。我厌恶这种哲学。我喜欢看见人们生气勃勃地创办事业，如痴如醉地堕入情网，痛快淋漓地享受生命。但是，不要忘记了最主要的事情：你仍然属于你自己。每个人都是一个宇宙，每个人都应该有一个自足的精神世界。这是一个安全的场所，其中珍藏着你最珍贵的宝物，任何灾祸都不能侵犯它。心灵是一本奇特的账簿，只有收入，没有支出，人生的一切痛苦和欢乐，都化作宝贵的体验记入它的收入栏中。是的，连痛苦也是一种收入。人仿佛有了两个自我，一个自我到世界上去奋斗，去追求，也许凯旋，也许败归，另一个自我便含着宁静的微笑，把这遍体汗水和血迹的哭着笑着的自我迎回家来，把丰厚的战利品指给他看，连败归者也有一份。

做自己的朋友

有人问斯多葛派创始人芝诺:"谁是你的朋友?"他回答:"另一个自我。"

人生在世,不能没有朋友。在所有朋友中,不能缺了最重要的一个,那就是自己。缺了这个朋友,一个人即使朋友遍天下,也只是表面的热闹而已,实际上他是很空虚的。

一个人是否为自己的朋友,有一个可靠的测试标准,就是看他能否独处,独处是否感到充实。如果他害怕独处,一心逃避自己,他当然不是自己的朋友。

能否和自己做朋友,关键在于有没有芝诺所说的"另一个自我"。它实际上是一个人的更高的自我,这个自我以理性的态度关爱着那个在世上奋斗的自我。理性的关爱,这正是友谊的特征。有的人不爱自己,一味自怨,仿佛自己的仇人。有的人爱自己而没有理性,一味自恋,俨然自己的情人。在这两种场合,更高的自我都是缺席的。

成为自己的朋友,这是人生很高的成就。塞涅卡说,这样的人一定是全人类的朋友。蒙田说,这比攻城治国更了不起。我只想补充一句:如此伟大的成就却是每一个无缘攻城治国的普通人都有希望达到的。

与自己谈话的能力

有人问犬儒派创始人安提斯泰尼,哲学给他带来了什么好处,回答是:"与自己谈话的能力。"

我们经常与别人谈话,内容大抵是事务的处理、利益的分配、是非的争执、恩怨的倾诉、公关、交际、新闻等等。独处的时候,我们有时也在心中说话,细察其内容,仍不外上述这些,因此实际上也是在对别人说话,是对别人说话的预演或延续。我们真正与自己谈话的时候是十分稀少的。

要能够与自己谈话,必须把心从世俗事务和人际关系中摆脱出来,回到自己。这是发生在灵魂中的谈话,是一种内在生活。哲学教人立足于根本审视世界,反省人生,带给人的就是过内在生活的能力。

与自己谈话的确是一种能力,而且是一种罕见的能力。有许多人,你不让他说凡事俗务,他就不知道说什么好了。他只关心外界的事情,结果也就只拥有仅仅适合于与别人交谈的语言了。这样的人面对自己当然无话可说。可是,一个与自己无话可说的人,难道会对别人说出什么有意思的话吗?哪怕他谈论的是天下大事,你仍感到是在听市井琐闻,因为在里面找不到那个把一切连结为整体的核心,那个照亮一切的精神。

独处也是一种能力

人们往往把交往看作一种能力，却忽略了独处也是一种能力，并且在一定意义上是比交往更为重要的一种能力。反过来说，不擅交际固然是一种遗憾，不耐孤独也未尝不是一种很严重的缺陷。

独处也是一种能力，并非任何人任何时候都可具备的。具备这种能力并不意味着不再感到寂寞，而在于安于寂寞并使之具有生产力。人在寂寞中有三种状态。一是惶惶不安，茫无头绪，百事无心，一心逃出寂寞。二是渐渐习惯于寂寞，安下心来，建立起生活的条理，用读书、写作或别的事务来驱逐寂寞。三是寂寞本身成为一片诗意的土壤，一种创造的契机，诱发出关于存在、生命、自我的深邃思考和体验。

有的人只习惯于与别人共处，和别人说话，自己对自己无话可说，一旦独处就难受得要命，这样的人终究是肤浅的。人必须学会倾听自己的心声，自己与自己交流，这样才能逐渐形成一个较有深度的内心世界。

托尔斯泰在谈到独处和交往的区别时说："你要使自己的理性适合整体，适合一切的源，而不是适合部分，不是适合人群。"说得好。

对于一个人来说，独处和交往均属必需。但是，独处更本质，因为在独处时，人是直接面对世界的整体，面对万物之源的。相反，在交往时，人却只是面对部分，面对过程的片断。人群聚集之处，只有凡人琐事，过眼烟云，没有上帝和永恒。

也许可以说，独处是时间性的，交往是空间性的。

人们常常误认为，那些热心于社交的人是一些慷慨之士。泰戈尔说得好，他们只是在挥霍，不是在奉献，而挥霍者往往缺乏真正的慷慨。

那么，挥霍与慷慨的区别在哪里呢？我想是这样的：挥霍是把自己不珍惜的东西拿出来，慷慨是把自己珍惜的东西拿出来。社交场上的热心人正是这样，他们不觉得自己的时间、精力和心情有什么价值，所以毫不在乎地把它们挥霍掉。相反，一个珍惜生命的人必定宁愿在孤独中从事创造，然后把最好的果实奉献给世界。

直接面对自己似乎是一件令人难以忍受的事，所以人们往往要设法逃避。逃避自我有二法，一是事务，二是消遣。我们忙于职业上和生活上的种种事务，一旦闲下来，又用聊天、娱乐和其他种种消遣打发时光。

对于文人来说，许多时候，读书和写作也只是一种消遣或一种事务，比起斗鸡走狗之辈，诚然有雅俗之别，但逃避自我的实质则为一。

从心理学的观点看，人之需要独处，是为了进行内在的整合。所谓整合，就是把新的经验放到内在记忆中的某个恰当位置上。唯有经过这一整合的过程，外来的印象才能被自我所消化，自我也才能成为一个既独立又生长着的系统。所以，有无独处的能力，关系到一个人能否真正形成一个相对自足的内心世界，而这又会进而影响到他与外部世界的关系。

我需要到世界上去活动，我喜欢旅行、冒险、恋爱、奋斗、成功、失败。日子过得平平淡淡，我会无聊；过得冷冷清清，我会寂寞。但是，我更需要宁静的独处，更喜欢过一种沉思的生活。总是活得轰轰烈烈热热闹闹，没有时间和自己待一会儿，我就会非常不安，好像丢了魂一样。我必须休养我的这颗自足的心灵，唯有带着这颗心灵去活动，我才心安理得并且确有收获。

我需要一种内在的沉静，可以以逸待劳地接收和整理一切外来印象。这样，我才觉得自己具有一种连续性和完整性。当我被过于纷繁的外部生活搅得不复安宁时，我就断裂了，破碎了，因而也就失去了吸收消化外来印象的能力。

世界是我的食物。人只用少量时间进食，大部分时间在消化。独处就是我消化世界。

我天性不宜交际。在多数场合，我不是觉得对方乏味，就是害怕对方觉得我乏味。可是我既不愿忍受对方的乏味，也不愿费劲使自己显得有趣，那都太累了。我独处时最轻松，因为我不觉得自己乏味，即使乏味，也自己承受，不累及他人，无须感到不安。

通宵达旦地坐在喧闹的电视机前，他们把这叫做过年。

我躲在我的小屋里，守着我今年的最后一刻寂寞。当岁月的闸门一年一度打开时，我要独自坐在坝上，看我的生命的河水汹涌流过。这河水流向永恒，我不能想象我缺席，使它不带着我的虔诚，也不能想象有宾客，使它带着酒宴的污秽。

我要为自己定一个原则：每天夜晚，每个周末，每年年底，只属于我自己。在这些时间里，我不做任何履约交差的事情，而只读我自己想读的书，只写我自己想写的东西。如果不想读不想写，我就什么也不做，宁肯闲着，也决不应付差事。差事是应付不完的，唯一的办法是人为地加以限制，确保自己的自由时间。

在舞曲和欢笑声中，我思索人生。在沉思和独处中，我享受人生。

有的人只有在沸腾的交往中才能辨认他的自我。有的人却只有在宁静的独处中才能辨认他的自我。

独处的充实

怎么判断一个人究竟有没有他的"自我"呢？我可以提出一个检验的方法，就是看他能不能独处。当你自己一个人待着时，你是感到百无聊赖，难以忍受呢，还是感到一种宁静、充实和满足？

对于有"自我"的人来说，独处是人生中的美好时刻和美好体验，虽则有些寂寞，寂寞中却又有一种充实。独处是灵魂生长的必要空间。在独处时，我们从别人和事务中抽身出来，回到了自己。这时候，我们独自面对自己和上帝，开始了与自己的心灵以及与宇宙中的神秘力量的对话。一切严格意义上的灵魂生活都是在独处时展开的。和别人一起谈古说今，引经据典，那是闲聊和讨论；唯有自己沉浸于古往今来大师们的杰作之时，才会有真正的心灵感悟。和别人一起游山玩水，那只是旅游；唯有自己独自面对苍茫的群山和大海之时，才会真正感受到与大自然的沟通。所以，一切注重灵魂生活的人对于卢梭的这话都会发生同感："我独处时从来不感到厌烦，闲聊才是我一辈子忍受不了的事情。"这种对于独处的爱好与一个人的性格完全无关，爱好独处的人同样可能是一个性格活泼、喜欢朋友的人，只是无论他怎么乐于与别人交往，独处始终是他生活中的必需。在他看来，一种缺乏交往的生活当然是一种缺陷，一种缺乏独处的生活则简直是一种灾难了。

当然，人是一种社会性的动物，他需要与他的同类交往，需要爱和被爱，否则就无法生存。世上没有一个人能够忍受绝对的孤独。但是，绝对不能忍受孤独的人却是一个灵魂空虚的人。世上正有这样的一些人，他们最怕的就是独处，让他们和自己待一会儿，对于他们简直是一种酷刑。只要闲了下来，他们就必须找个地方去消遣，什么卡拉OK舞厅啦，录像厅啦，电子娱乐厅啦，或者就找人聊天。自个儿待在家里，他们必定会打开电视机，没完没了地看那些粗制滥造的节目。他们的日子表面上过得十分热闹，实际上他们的内心极其空虚。他们所做的一切都是为了想方设法避免面对面看见自己。对此我只能有一个解释，就是连他们自己也感觉到了自己的贫乏，和这样贫乏的自己待在一起是顶没有意思的，再无聊的消遣也比这有趣得多。这样做的结果是他们变得越来越贫乏，越来越没有了自己，形成了一个恶性循环。

独处的确是一个检验，用它可以测出一个人的灵魂的深度，测出一个人对自己的真正感觉，他是否厌烦自己。对于每一个人来说，不厌烦自己是一个起码要求。一个连自己也不爱的人，我敢断定他对于别人也是不会有多少价值的，他不可能有高质量的社会交往。他跑到别人那里去，对于别人只是一个打扰，一种侵犯。一切交往的质量都取决于交往者本身的质量。唯有在两个灵魂充实丰富的人之间，才可能有真正动人的爱情和友谊。我敢担保历史上和现实生活中找不出一个例子，能够驳倒我的这个论断，证明某一个浅薄之辈竟也会有此种美好的经历。

往事的珍宝

人生中有些往事是岁月带不走的,仿佛愈经冲洗就愈加鲜明,始终活在记忆中。我们生前守护着它们,死后便把它们带入了永恒。

人心中应该有一些有分量的东西,使人沉重的往事是不会流失的。

人在世界上行走,在时间中行走,无可奈何地迷失在自己的行走之中。他无法把家乡的泉井带到异乡,把童年的彩霞带到今天,把十八岁生日的烛光带到四十岁的生日。不过,那不能带走的东西未必就永远丢失了。也许他所珍惜的所有往事都藏在某个人迹罕至的地方,在一个意想不到的时刻,其中一件或另一件会突然向他显现,就像从前的某一片烛光突然在记忆的夜空中闪亮。

我不相信时间带走了一切。逝去的年华,我们最珍贵的童年和青春岁月,我们必定以某种方式把它们保存在一个安全的地方了。我们遗忘了藏宝的地点,但必定有这么一个地方,否则我们不会这样苦苦地追寻。或者说,有一间心灵的密室,其中藏着我们过去的全部珍宝,只是我们竭尽全力也回想不起开锁的密码了。然而,可能会有一次纯属偶然,我们漫不经心地碰对了这密码,于是密室开启,我们重新置身于从前的岁月。

人生中一切美好的时刻,我们都无法留住。人人都生活在流变中,人人的生活都是流变。那么,一个人的生活是否精彩,就并不在于他留住了多少珍宝,而在于他有过多少想留而留不住的美好的时刻,正是这些时刻组成了他的生活中的流动的盛宴。留不住当然是悲哀,从来没有想留住的珍宝却是更大的悲哀。

世上有一样东西,比任何别的东西都更忠诚于你,那就是你的经历。你生命中的日子,你在其中遭遇的人和事,你因这些遭遇产生的悲欢、感受和思考,这一切仅仅属于你,不可能转让给任何人,哪怕是你最亲近的人。这是你最珍贵的财富,而只要你珍惜,也会是你最可靠的财富,无人能够夺走。相反,如果你不珍惜,就会随岁月而流失,在世界任何地方都找不到了。正因为此,我一直主张人人养成写日记的习惯。

相比之下,金钱是最不可靠的财富。金钱毫无忠诚可言,它们没有个性,永远是那副模样,今天在你这里,明天会在别人那里,后天又可能回到你这里。可是,人们热衷于积聚金钱,却轻易挥霍掉仅仅属于自己的经历,这是怎样地本末倒置啊。

物质的财宝,丢失了可以挣回,挣不回也没有什么,它们是这样毫无个性，和你本来就没有必然的关系，只不过是换了一个地方存放罢了。可是，你的生命中的珍宝是仅仅属于你的，它们只能存放在你的心灵中和记忆中，如果这里没有，别的任何地方也不会有，你一旦把它们丢失，就永远找不回来了。

圣埃克苏佩里说："使沙漠显得美丽的，是它在什么地方藏着一口水井。"我相信童年就是人生沙漠中的这样一口水井。始终携带着童年走人生之路的人是幸福的，由于心中藏着永不枯竭的爱的源泉，最荒凉的沙漠也化作了美丽的风景。

逝去的感情事件，无论痛苦还是欢乐，无论它们一度如何使我们激动不宁，隔开久远的时间再看，都是美丽的。我们还会发现，痛苦和欢乐的差别并不像当初想象的那么大。欢乐的回忆夹着忧伤，痛苦的追念掺着甜蜜，两者又都同样令人惆怅。

消逝是人的宿命。但是，有了怀念，消逝就不是绝对的。人用怀念挽留逝者的价值，证明自己是与古往今来一切存在息息相通的有情者。失去了童年，我们还有童心。失去了青春，我们还有爱。失去了岁月，我们还有历史和智慧。没有怀念，人便与木石无异。

然而，在这个日益匆忙的世界上，人们愈来愈没有工夫也没有心境去怀念了。人心如同躁动的急流，只想朝前赶，不复返顾。可是，如果忘掉源头，我们如何校正航向？如果不知道从哪里来，我们如何知道向哪里去？

意义的源泉是追求和怀念，而不是拥有。拥有的价值，似乎仅在于它使追求有了一个目标，使怀念有了一个对象。拥有好像只是一块屏幕，种种色彩缤纷的影像都是追求和怀念投射在上面的。

逝去的事件往往在回忆中获得了一种当时并不具备的意义，这是时间的魔力之一。

人生一切美好经历的魅力就在于不可重复，它们因此而永远活在了记忆中。

时光村落里的往事
——蓝蓝《人间情书》序

一

人分两种,一种人有往事,另一种人没有往事。

有往事的人爱生命,对时光流逝无比痛惜,因而怀着一种特别的爱意,把自己所经历的一切珍藏在心灵的谷仓里。

世上什么不是往事呢?此刻我所看到、听到、经历到的一切,无不转瞬即逝,成为往事。所以,珍惜往事的人便满怀爱怜地注视一切,注视即将被收割的麦田,正在落叶的树,最后开放的花朵,大路上边走边衰老的行人。这种对万物的依依惜别之情是爱的至深源泉。由于这爱,一个人才会真正用心在看,在听,在生活。

是的,只有珍惜往事的人才真正在生活。

没有往事的人对时光流逝毫不在乎,这种麻木使他轻慢万物,凡经历的一切都如过眼烟云,随风飘散,什么也留不下。他根本没有想到要留下。他只是貌似在看、在听、在生活罢了,实际上早已是一具没有灵魂的空壳。

二

珍惜往事的人也一定有一颗温柔爱人的心。

当我们的亲人远行或故世之后,我们会不由自主地百般追念他们的好处,悔恨自己的疏忽和过错。然而,事实上,即使尚未生离死别,我们所爱的人何尝不是在时时刻刻离我们而去呢?

浩渺宇宙间,任何一个生灵的降生都是偶然的,离去却是必然的;一个生灵与另一个生灵的相遇总是千载一瞬,分别却是万劫不复。说到底,谁和谁不同是这空空世界里的天涯沦落人?

在平凡的日常生活中,你已经习惯了和你所爱的人的相处,仿佛日子会这样无限延续下去。忽然有一天,你心头一惊,想起时光在飞快流逝,正无可挽回地把你、你所爱的人以及你们共同拥有的一切带走。于是,你心中升起一股柔情,想要保护你的爱人免遭时光劫掠。你还深切感到,平凡生活中这些最简单的幸福也是多么宝贵,有着稍纵即逝的惊人的美。

三

人是怎样获得一个灵魂的?

通过往事。

正是被亲切爱抚着的无数往事使灵魂有了深度和广度,造就了一个丰满的灵魂。在这样一个灵魂中，一切往事都继续活着：从前的露珠在继续闪光，某个黑夜里飘来的歌声在继续回荡，曾经醉过的酒在继续芳香，早已死去的亲人在继续对你说话 你透过活着的往事看世界，世界别具魅力。活着的往事——这是灵魂之所以具有孕育力和创造力的秘密所在。

在一切往事中，童年占据着最重要的篇章。童年是灵魂生长的源头。我甚至要说，灵魂无非就是一颗成熟了的童心，因为成熟而不会再失去。圣埃克苏佩里创作的童话中的小王子说得好："使沙漠显得美丽的，是它在什么地方藏着一口水井。"我相信童年就是人生沙漠中的这样一口水井。始终携带着童年走人生之路的人是幸福的，由于心中藏着永不枯竭的爱的源泉，最荒凉的沙漠也化作了美丽的风景。

四

"上帝创造了乡村，人类创造了城市。"这是英国诗人库柏的诗句。我要补充说：在乡村中，时间保持着上帝创造时的形态，它是岁月和光阴；在城市里，时间却被抽象成了日历和数字。

在城市里，光阴是停滞的。城市没有季节，它的春天没有融雪和归来的候鸟，秋天没有落叶和收割的庄稼。只有敏感到时光流逝的人才有往事，可是，城里人整年被各种建筑物包围着，他对季节变化和岁月交替会有什么敏锐的感觉呢？

何况在现代商业社会中，人们活得愈来愈匆忙，哪里有工夫去注意草木发芽、树叶飘落这种小事！哪里有闲心用眼睛看，用耳朵听，用心灵感受！时间就是金钱，生活被简化为尽快地赚钱和花钱。沉思未免奢侈，回味往事简直是浪费。一个古怪的矛盾：生活节奏加快了，然而没有生活。天天争分夺秒，岁岁年华虚度，到头来发现一辈子真短。怎么会不短呢？没有值得回忆的往事，一眼就望到了头。

五

就在这样一个愈来愈没有往事的世界上，一个珍惜往事的人悄悄写下了她对往事的怀念。这是一些太细小的往事，就像她念念不忘的小花、甲虫、田野上的炊烟、井台上的绿苔一样细小。可是，在她心目中，被时光带来又带走的一切都是造物主写给人间的情书，她用情人的目光从其中读出了无穷的意味，并把它们珍藏在忠贞的心中。

这就是摆在你们面前的这本《人间情书》。你们将会发现，我的序中的许多话都是蓝蓝说过的，我只是稍作概括罢了。

蓝蓝上过大学，出过诗集，但我觉得她始终只是个乡下孩子。她的这本散文集也好像是乡村田埂边的一朵小小的野花，在温室鲜花成为时髦礼品的今天也许是很不起眼的。但是，我相信，一定会有读者喜欢它，并且想起泰戈尔的著名诗句——

"我的主，你的世纪，一个接着一个，来完成一朵小小的野花。"

1993.1

心灵的宁静

老子主张"守静笃",任世间万物在那里一齐运动,我只是静观其往复,如此便能成为万物运动的主人。这叫"静为躁君"。

当然,人是不能只静不动的,即使能也不可取,如一潭死水。你的身体尽可以在世界上奔波,你的心情尽可以在红尘中起伏,关键在于你的精神中一定要有一个宁静的核心。有了这个核心,你就能够成为你的奔波的身体和起伏的心情的主人了。

寻求心灵的宁静,前提是首先要有一个心灵。在理论上,人人都有一个心灵,但事实上却不尽然。有一些人,他们永远被外界的力量左右着,永远生活在喧闹的外部世界里,未尝有真正的内心生活。对于这样的人,心灵的宁静就无从谈起。一个人唯有关注心灵,才会因为心灵被扰乱而不安,才会有寻求心灵的宁静之需要。

我们的先辈日出而作,日落而息,生活的节奏与自然一致,日子过得忙碌然而安静。现代人却忙碌得何其不安静,充满了欲望、焦虑、争斗、烦恼。在今天,相当一部分人的忙碌是由两件事组成的——弄钱和花钱,而这两件事又制造出了一系列热闹,无非纸醉金迷、灯红酒绿、声色犬马。人生任何美好的享受都有赖于一颗澄明的心，当一颗心在低劣的热闹中变得浑浊之后，它就既没有能力享受安静，也没有能力享受真正的狂欢了。

心静是一种境界。一个人只要知道自己真正想要什么，找到了最适合于自己的生活，一切外界的诱惑和热闹对于他就的确都成了无关之物。

对于心的境界，我所能够给出的最高赞语就是：丰富的单纯。这大致上属于一种极其健康生长的情况：一方面，始终保持儿童般的天性，所以单纯；另一方面，天性中蕴涵的各种能力得到了充分的发展，所以丰富。我所知道的一切精神上的伟人，他们的心灵世界无不具有这个特征，其核心始终是单纯的，却又能够包容丰富的情感、体验和思想。

与此相反的境界是贫乏的复杂。这是那些平庸的心灵，它们被各种人际关系和利害计算占据着，所以复杂，可是完全缺乏精神的内涵，所以又是一种贫乏的复杂。

除了这两种情况外，也许还有贫乏的单纯，不过，一种单纯倘若没有精神的光彩，我就宁可说它是简单而不是单纯。有没有丰富的复杂呢？我不知道，如果有，那很可能是一颗魔鬼的心吧。

太热闹的生活始终有一个危险，就是被热闹所占有，渐渐误以为热闹就是生活，热闹之外别无生活，最后真的只剩下了热闹，没有了生活。

在有些人眼里，人生是一碟乏味的菜，为了咽下这碟菜，少不了种种作料，种种刺激。他们的日子过得真热闹。

人既需要动，也需要静，在生命的活跃与灵魂的宁静之间形成适当的平衡。

我相信，在动与静之间，必有一个适合于我的比例或节奏。如果比例失调，节奏紊乱，我就会生病——太动则烦躁，太静则抑郁。

每逢节日，独自在灯下，心中就有一种非常浓郁的寂寞，浓郁得无可排遣，自斟自饮生命的酒，别有一番酩酊。

活动和沉思，哪一种生活更好？

有时候，我渴望活动，漫游，交往，恋爱，冒险，成功。如果没有充分尝试生命的种种可能性就离开人世，未免太遗憾了。但是，我知道，我的天性更适合于过沉思的生活。我必须休养我的这颗自足的心灵，唯有带着这颗心灵去活动，我才心安理得并且确有收获。

如果没有好胃口，天天吃宴席有什么乐趣？如果没有好的感受力，频频周游世界有什么意思？反之，天天吃宴席的人怎么会有好胃口，频频周游世界的人怎么会有好的感受力？

心灵和胃一样,需要休息和复原。独处和沉思便是心灵的休养方式。当心灵因充分休息而饱满,又因久不活动而饥渴时,它就能最敏锐地品味新的印象。

所以,问题不在于两者择一。高质量的活动和高质量的宁静都需要,而后者实为前者的前提。

这么好的夜晚,宁静,孤独,精力充沛,无论做什么,都觉得可惜了,糟蹋了。我什么也不做,只是坐在灯前,吸着烟

我从我的真朋友和假朋友那里抽身出来,回到了我自己。只有我自己。

这样的时候是非常好的。没有爱,没有怨,没有激动,没有烦恼,可是依然强烈地感觉到自己的生存,感到充实。这样的感觉是非常好的。

一个夜晚就这么过去了。可是我仍然不想睡觉。这是这样的一种时候,什么也不想做,包括睡觉。

安静的位置

对于各种热闹，诸如记者采访、电视亮相、大学讲座之类，我始终不能习惯，总是尽量推辞。有时盛情难却答应了，结果多半是后悔。人各有志，我不反对别人追求和享受所谓文化的社会效应，只是觉得这种热闹与我的天性太不合。我的性格决定我不能做一个公众人物。做公众人物一要自信，相信自己真是一个人物，二要有表演欲，一到台上就来情绪。我偏偏既自卑又怯场，面对摄像机和麦克风没有一次不感到是在受难。因此我想，万事不可勉强，就让我顺应天性过我的安静日子吧。如果确实有人喜欢我的书，他们喜欢的也一定不是这种表面的热闹，就让我们的心灵在各自的安静中相遇吧。

世上从来不缺少热闹，因为一旦缺少，便必定会有不甘心的人去把它制造出来。不过，大约只是到了今日的商业时代，文化似乎才必须成为一种热闹，不热闹就不成其为文化。譬如说，从前，一个人不爱读书就老老实实不读，如果爱读，必是自己来选择要读的书籍，在选择中贯彻了他的个性乃至怪癖。现在，媒体担起了指导公众读书的职责，畅销书推出一轮又一轮，书目不断在变，不变的是全国热心读者同一时期仿佛全在读相同的书。与此相映成趣的是，这些年来，学界总有一、两个当红的热门话题，话题不断在变，不变的是不同学科的学者同一时期仿佛全在研究相同的课题。我不怀疑仍有认真的研究者,但更多的却只是凭着新闻记者式的嗅觉和喉咙,用以代替学者的眼光和头脑,正是他们的起哄把任何学术问题都变成了热门话题,亦即变成了过眼烟云的新闻。

在这个热闹的世界上,我尝自问:我的位置究竟在哪里?我不属于任何主流的、非主流的和反主流的圈子。我也不是现在有些人很喜欢标榜的所谓另类,因为这个名称也太热闹,使我想起了集市上的叫卖声。那么,我根本不属于这个热闹的世界吗?可是,我绝不是一个出世者。对此我只能这样解释:不管世界多么热闹,热闹永远只占据世界的一小部分,热闹之外的世界无边无际,那里有着我的位置,一个安静的位置。这就好像在海边,有人弄潮,有人嬉水,有人拾贝壳,有人聚在一起高谈阔论,而我不妨找一个安静的角落独自坐着。是的,一个角落——在无边无际的大海边,哪里找不到这样一个角落呢——但我看到的却是整个大海,也许比那些热闹地聚玩的人看得更加完整。

在一个安静的位置上,去看世界的热闹,去看热闹背后的无限广袤的世界,这也许是最适合我的性情的一种活法吧。

丰富的安静

我发现，世界越来越喧闹，而我的日子越来越安静了。我喜欢过安静的日子。

当然，安静不是静止，不是封闭，如井中的死水。曾经有一个时代，广大的世界对于我们只是一个无法证实的传说，我们每一个人都被锁定在一个狭小的角落里，如同螺丝钉被拧在一个不变的位置上。那时候，我刚离开学校，被分配到一个边远山区，生活平静而又单调。日子仿佛停止了，不像是一条河，更像是一口井。

后来，时代突然改变，人们的日子如同解冻的江河，又在阳光下的大地上纵横交错了。我也像是一条积压了太多能量的河，生命的浪潮在我的河床里奔腾起伏，把我的成年岁月变成了一道动荡不宁的急流。

而现在，我又重归于平静了。不过，这是跌宕之后的平静。在经历了许多冲撞和曲折之后，我的生命之河仿佛终于来到一处开阔的谷地，汇成了一片浩淼的湖泊。我曾经流连于阿尔卑斯山麓的湖畔，看雪山、白云和森林的倒影伸展在蔚蓝的神秘之中。我知道，湖中的水仍在流转，是湖的深邃才使得湖面寂静如镜。我的日子真的很安静。每天，我在家里读书和写作，外面各种热闹的圈子和聚会都和我无关。我和妻子女儿一起品尝着普通的人间亲情，外面各种寻欢作乐的场所和玩意也都和我无关。我对这样过日子很满意，因为我的心境也是安静的。

也许，每一个人在生命中的某个阶段是需要某种热闹的。那时，饱涨的生命力需要向外奔突，去寻找一条河道，确定一个流向。但一个人不能永远停留在这个阶段。托尔斯泰如此自述："随着年岁增长，我的生命越来越精神化了。"人们或许会把这解释为衰老的征兆，但是，我清楚地知道，即使在老年时，托尔斯泰也比所有的同龄人、甚至比许多年轻人更充满生命力。毋宁说，唯有强大的生命才能逐步朝精神化的方向发展。

现在我觉得，人生最好的境界是丰富的安静。安静，是因为摆脱了外界虚名浮利的诱惑。丰富，是因为拥有了内在精神世界的宝藏。泰戈尔曾说："外在世界的运动无穷无尽，证明了其中没有我们可以达到的目标，目标只能在别处，即在精神的内在世界里。在那里，我们最为深切地渴望的，乃是在成就之上的安宁。在那里，我们遇见我们的上帝。"他接着说明："上帝就是灵魂里永远在休息的情爱。"他所说的情爱应是广义的，指创造的成就，精神的富有，博大的爱心，而这一切都超越于俗世的争斗，处在永久和平之中。这种境界，正是丰富的安静之极致。

我并不完全排斥热闹，热闹也可以是有内容的。但是，热闹总归是外部活动的特征，而任何外部活动倘若没有一种精神追求为其动力，没有一种精神价值为其目标，那么，不管表面上多么轰轰烈烈，有声有色，本质上必定是贫乏和空虚的。我对一切太喧嚣的事业和一切太张扬的感情都心存怀疑，它们总是使我想起莎士比亚对生命的嘲讽："充满了声音和狂热，里面空无一物。"

第七辑

自己身上的快乐源泉

内在生活

人同时生活在外部世界和内心世界中。内心世界也是一个真实的世界。或者，反过来说也一样：外部世界也是一个虚幻的世界。

对于内心世界不同的人，表面相同的经历具有完全不同的意义，事实上也就完全不是相同的经历了。

一个经常在阅读和沉思中与古今哲人文豪倾心交谈的人，和一个沉湎在歌厅、肥皂剧以及庸俗小报中的人，他们生活在多么不同的世界上。

说到底，在这世界上，谁的经历不是平凡而又平凡的？心灵历程的悬殊才在人与人之间铺下了鸿沟。

人生的道路分内外两个方面。外在方面是一个人的外部经历，它是有形的，可以简化为一张履历表，标示出了曾经的职业、地位、荣誉等等。内在方面是一个人的心路历程，它是无形的，生命的感悟，情感的体验，理想的追求，这些都是履历表反映不了的。

我的看法是，尽管如此，内在方面比外在方面重要得多，它是一个人的人生道路的本质部分。我还认为，外在方面往往由命运、时代、环境、机遇决定，自己没有多少选择的主动权，在尽力而为之后，不妨顺其自然，而应该把主要努力投注于自己可以支配的内在方面。

外在遭遇受制于外在因素，非自己所能支配，所以不应成为人生的主要目标。真正能支配的唯有对一切外在遭际的态度。内在生活充实的人仿佛有另一个更高的自我，能与身外遭遇保持距离，对变故和挫折持适当态度，心境不受尘世祸福沉浮的扰乱。

人与人之间最重要的区别不在物质上的贫富，社会方面的境遇，是内在的精神素质把人分出了伟大和渺小，优秀和平庸。

阅读是与历史上的伟大灵魂交谈，借此把人类创造的精神财富"占为己有"。写作是与自己的灵魂交谈，借此把外在的生命经历转变成内在的心灵财富。信仰是与心中的上帝交谈，借此积聚"天上的财富"。这是人生不可缺少的三种交谈，而这三种交谈都是在独处中进行的。

茫茫人海里，你遇见了这一些人而不是另一些人，这决定了你在人世间的命运。你的爱和恨，喜和悲，顺遂和挫折，这一切都是因为相遇。

但是，请记住，在相遇中，你不是被动的，你始终可以拥有一种态度。相遇组成了你的外部经历，对相遇的态度组成了你的内心经历。

还请记住，除了现实中的相遇之外，还有一种超越时空的相遇，即在阅读和思考中与伟大灵魂的相遇。这种相遇使你得以摆脱尘世命运的束缚，生活在一个更广阔、更崇高的世界里。

一个人越是珍视心灵生活，他就越容易发现外部世界的有限，因而能够以从容的心态面对。相反，对于没有内在生活的人来说，外部世界就是一切，难免要生怕错过了什么似的急切追赶了。

心灵也是一种现实

对于理想的实现不能做机械的理解,好像非要变成看得见摸得着的现实似的。现实不限于物质现实和社会现实,心灵现实也是一种现实。尤其是人生理想,它的实现方式只能是变成心灵现实,即一个美好而丰富的内心世界,以及由之所决定的一种正确的人生态度。除此之外,你还能想象出人生理想的别的实现方式吗?

物质理想(譬如产品的极大丰富)和社会理想(譬如消灭阶级)的实现要用外在的可见事实来证明,精神理想的实现方式只能是内在的心灵境界。

理想,信仰,真理,爱,善,这些精神价值永远不会以一种看得见的形态存在,它们实现的场所只能是人的内心世界。正是在这无形之域,有的人生活在光明之中,有的人生活在黑暗之中。

对真的理解应该宽泛一些,你不能说只有外在的荣华富贵是真实的,内在的智慧教养是虚假的。一个内心生活丰富的人,与一个内心生活贫乏的人,他们是在实实在在的意义上过着截然不同的生活。

心灵也是一种现实,甚至是唯一真实的现实。

对于不同的人,世界呈现不同的面貌。在精神贫乏者眼里,世界也是贫乏的。世界的丰富的美是依每个人心灵丰富的程度而开放的。

对于乐盲来说,贝多芬等于不存在。对于画盲来说,毕加索等于不存在。对于只读流行小报的人来说,从荷马到海明威的整个文学宝库等于不存在。对于终年在名利场上奔忙的人来说,大自然的美等于不存在。

内心生活与外部生活并非互相排斥的,同一个人完全可能在两方面都十分丰富。区别在于,注重内心生活的人善于把外部生活的收获变成心灵的财富,缺乏此种禀赋或习惯的人则往往会迷失在外部生活中,人整个儿是散的。

对于一颗善于感受和思考的灵魂来说,世上并无完全没有意义的生活,任何一种经历都可以转化为内在的财富。而且,这是最可靠的财富,因为正如一位诗人所说:"你所经历的,世间没有力量能从你那里夺走。"

生活是广义的,内心经历、感情、体验也是生活,读书也是写作的生活源泉。

心灵的财富也是积累而成的。一个人酷爱精神的劳作和积聚,不断产生、搜集、贮藏点滴的感受,日积月累,就在他的内心中建立了一个巨大的宝库,造就了一颗丰富的灵魂。在他面前,那些精神懒汉相比之下形同乞丐。

自己身上的快乐源泉

古希腊哲学家都主张，快乐主要不是来自外物，而是来自人自身。苏格拉底说：享受不是从市场上买来的，而是从自己的心灵中获得的。德谟克利特说：一个人必须习惯于反身自求快乐的源泉。亚里士多德说：沉思的快乐不依赖于外部条件，是最高的快乐。连号称享乐主义祖师爷的伊壁鸠鲁也说：身体的健康和灵魂的平静是幸福的极致。

人应该在自己身上拥有快乐的源泉，它本来就存在于每个人身上，就看你是否去开掘和充实它。这就是你的心灵。当然，如同伊壁鸠鲁所说，身体的健康也是重要的快乐源泉。但是，第一，如果没有心灵的参与，健康带来的就只是动物性的快乐；第二，人对健康的自主权是有限的，潜伏的病魔防不胜防，所以这是一个不太可靠的快乐源泉。

相比之下，心灵的快乐是自足的。如果你的心灵足够丰富，即使身处最单调的环境，你仍能自得其乐。如果你的心灵足够高贵，即使遭遇最悲惨的灾难，你仍能自强不息。这是一笔任何外力都夺不走的财富，是孟子所说的"人之安宅"，你可以借之安身立命。

由此可见，人们为了得到快乐，热衷于追求金钱、地位、名声等身外之物，无暇为丰富和提升自己的心灵做一些事，是怎样地南辕北辙啊。

不做梦的人必定平庸

一个有梦想的人和一个没有梦想的人,他们是生活在完全不同的世界里的。如果你和那种没有梦想的人一起旅行,你一定会觉得乏味透顶。有时我不禁想,与只知做梦的人比,从来不做梦的人是更像白痴的。

两种人爱做梦:太有能者和太无能者。他们都与现实不合,前者超出,后者不及。但两者的界限是不易分清的,在成功之前,前者常常被误认为后者。

可以确定的是,不做梦的人必定平庸。

在某种意义上,美、艺术都是梦。但是,梦并不虚幻,它对人心的作用和它在人生中的价值完全是真实的。不妨设想一下,倘若彻底排除掉梦、想象、幻觉的因素,世界不再有色彩和音响,人心不再有憧憬和战栗,生命还有什么意义?在人生画面上,梦幻也是真实的一笔。

梦是虚幻的,但虚幻的梦所发生的作用却是完全真实的。美、艺术、爱情、自由、理想、真理,都是人生的大梦。如果没有这一切梦,人生会是一个什么样子啊!

两种人爱做梦：弱者和智者。弱者梦想现实中有但他无力得到的东西，他以之抚慰生存的失败。智者梦想现实中没有也不可能有的东西，他以之解说生存的意义。

人们做的事往往相似，做的梦却千差万别，也许在梦中藏着每一个人的更独特也更丰富的自我。

我喜欢奥尼尔的剧本《天边外》。它使你感到，一方面，幻想毫无价值，美毫无价值，一个幻想家总是实际生活的失败者，一个美的追求者总是处处碰壁的倒霉鬼；另一方面，对天边外的秘密的幻想，对美的憧憬，仍然是人生的最高价值，那种在实际生活中即使一败涂地还始终如一地保持幻想和憧憬的人，才是真正的幸运儿。

梦想常常是创造的动力。梵高这样解释他的创作冲动："我一看到空白的画布呆望着我，就迫不及待地要把内容投掷上去。"在每一个创造者眼中，生活本身也是这样一张空白的画布，等待着他去赋予内容。相反，谁眼中的世界如果是一座琳琅满目的陈列馆，摆满了现成的画作，这个人肯定不会再有创造的冲动，他至多只能做一个鉴赏家。

在这个时代,能够沉醉于自己的心灵空间的人是越来越少了。那么，好梦联翩就是福，何必成真。

在一定意义上，艺术家是一种梦与事不分的人，做事仍像在做梦，所以做出了独一无二的事。

人生如梦，爱情是梦中之梦。诸色皆空，色欲乃空中之空。可是，若无爱梦萦绕，人生岂不更是赤裸裸的空无；离了暮雨朝云，巫山纵然万古长存，也只是一堆死石头罢了。

在梦中，昨日的云雨更美。只因襄王一梦，巫山云雨才成为世世代代的美丽传说。

理想主义永远不会过时

据说，一个人如果在十四岁时不是理想主义者，他一定庸俗得可怕，如果在四十岁时仍是理想主义者，他又未免幼稚得可笑。

我们或许可以引申说，一个民族如果全体都陷入某种理想主义的狂热，当然太天真，如果在它的青年人中竟然也难觅理想主义者，又实在太堕落了。

由此我又相信，在理想主义普遍遭耻笑的时代，一个人仍然坚持做理想主义者，就必定不是因为幼稚，而是因为精神上的成熟和自觉。

有两种理想。一种是社会理想，旨在救世和社会改造。另一种是人生理想，旨在自救和个人完善。如果说前者还有一个是否切合社会实际的问题，那么，对于后者来说，这个问题根本不存在。人生理想仅仅关涉个人的灵魂，在任何社会条件下，一个人总是可以追求智慧和美德的。如果你不追求，那只是因为你不想，决不能以不切实际为由来替自己辩解。

理想是灵魂生活的寄托。所以，就处世来说，如果世道重实利而轻理想，理想主义会显得不合时宜；就做人来说，只要一个人看重灵魂生活，理想主义对他便永远不会过时。

当然，对于没有灵魂的东西，理想毫无用处。

理想主义永远不会远去，它在每一个珍视精神价值的人的心中，这是它在任何时代存在的唯一方式。

理想：对精神价值的追求。理想主义：把精神价值置于实用价值之上，作为人生或社会的主要目标、最高目标。

向理想索取实用价值，这是自相矛盾。

精神性的目标只是一个方向，它的实现方式不是在未来某一天变成可见的现实，而是作为方向体现在每一个当下的行为中。也就是说，它永远不会完全实现，又时刻可以正在实现。

人类的那些最基本的价值，例如正义、自由、和平、爱、诚信，是不能用经验来证明和证伪的。它们本身就是目的，就像高尚和谐的生活本身就值得人类追求一样，因此我们不可用它们会带来什么实际的好处评价它们，当然更不可用违背它们会造成什么具体的恶果检验它们了。

有些人所说的理想，是指对于社会的一种不切实际的美好想像，一旦看到社会真相，这种想像当然就会破灭。我认为这不是理想这个概念的本义。理想应该是指那些值得追求的精神价值，例如作为社会理想的正义，作为人生理想的真、善、美等等。这个意义上的理想是永远不可能完全实现的，否则就不成其为理想了。

圣徒是激进的理想主义者，智者是温和的理想主义者。

在没有上帝的世界上，一个寻求信仰而不可得的理想主义者会转而寻求智慧的救助，于是成为智者。

我们永远只能生活在现在，要伟大就现在伟大，要超脱就现在超脱，要快乐就现在快乐。总之，如果你心目中有了一种生活的理想，那么，你应该现在就来实现它。倘若你只是想象将来有一天能够伟大、超脱或快乐，而现在却总是委琐、钻营、苦恼，则我敢断定你永远不会有伟大、超脱、快乐的一天。作为一种生活态度，理想是现在进行时的，而不是将来时的。

对于一切有灵魂生活的人来说，精神的独立价值和神圣价值是不言而喻的，是无法证明也不需证明的公理。

人的心灵可划分为三个部分，即理智、意志和情感，而真、善、美便是与这三个部分相对应的精神价值。其中，真是理智的对象，体现为科学活动；善是意志的对象，体现为道德活动；美是情感的对象，体现为艺术活动。当然，正像人的心灵本是一个整体，理智、意志、情感只是相对的划分一样，真、善、美三者也是不能截然分开的，它们之间有着极为紧密的联系。理智上求真，意志上向善，情感上爱美，三者原是一体，属于同一颗高贵心灵的追求，是从不同角度来描述同一种高尚的精神生活。

梦并不虚幻

那是一个非常美丽的真实的故事——

在巴黎,有一个名叫夏米的老清洁工,他曾经替朋友抚育过一个小姑娘。为了给小姑娘解闷,他常常讲故事给她听,其中讲了一个金蔷薇的故事。他告诉她,金蔷薇能使人幸福。后来,这个名叫苏珊娜的小姑娘离开了他,并且长大了。有一天,他们偶然相遇。苏珊娜生活得并不幸福。她含泪说:"要是有人送我一朵金蔷薇就好了。"从此以后,夏米就把每天在首饰坊里清扫到的灰尘搜集起来,从中筛选金粉,决心把它们打成一朵金蔷薇。金蔷薇打好了,可是,这时他听说,苏珊娜已经远走美国,不知去向。不久后,人们发现,夏米悄悄地死去了,在他的枕头下放着用皱巴巴的蓝色发带包扎的金蔷薇,散发出一股老鼠的气味。

送给苏珊娜一朵金蔷薇,这是夏米的一个梦想。使我们感到惋惜的是,他终于未能实现这个梦想。也许有人会说:早知如此,他就不必年复一年徒劳地筛选金粉了。可是,我倒觉得,即使夏米的梦想毫无结果,这寄托了他的善良和温情的梦想本身已经足够美好,给他单调的生活增添了一种意义,把他同那些没有任何梦想的普通清洁工区分开来了。

说到梦想,我发现和许多大人真是讲不通。他们总是这样提问题:梦想到底有什么用?在他们看来,一样东西,只要不能吃,不能穿,不能卖钱，就是没有用。他们比起一则童话故事里的小王子可差远了，这位小王子从一颗外星落在地球的一片沙漠上，感到渴了，寻找着一口水井。他一边寻找，一边觉得沙漠非常美丽，明白了一个道理："使沙漠显得美丽的，是它在什么地方藏着一口水井。"沙漠中的水井是看不见的，我们也许能找到，也许找不到。可是，正是对看不见的东西的梦想驱使我们去寻找，去追求，在看得见的事物里发现隐秘的意义，从而觉得我们周围的世界无比美丽。

其实，诗、童话、小说、音乐等等都是人类的梦想。印度诗人泰戈尔说得好："如果我小时候没有听过童话故事，没有读过《一千零一夜》和《鲁滨逊漂流记》，远处的河岸和对岸辽阔的田野景色就不会如此使我感动，世界对我就不会这样富有魅力。"英国诗人雪莱肯定也听到过人们指责诗歌没有用，他反驳说：诗才"有用"呢，因为它"创造了另一种存在，使我们成为一个新世界的居民"。的确，一个有梦想的人和一个没有梦想的人，他们是生活在完全不同的世界里的。如果你和那种没有梦想的人一起旅行，你一定会觉得乏味透顶。一轮明月当空，他们最多说月亮像一张烧饼，压根儿不会有"把酒问青天，明月几时有"的豪情。面对苍茫大海，他们只看到一大滩水，决不会像安徒生那样想到海的女儿，或像普希金那样想到渔夫和金鱼的故事。唉，有时我不免想，与只知做梦的人比，从来不做梦的人是更像白痴的。

好梦何必成真

好梦成真——这是现在流行的一句祝词，人们以此互相慷慨地表达友善之意。每当听见这话，我就不禁思忖：好梦都能成真，都非要成真吗？

有两种不同的梦。

第一种梦，它的内容是实际的，譬如说，梦想升官发财，梦想娶一个倾国倾城的美人或嫁一个富甲天下的款哥，梦想得诺贝尔奖，等等。对于这些梦，弗洛伊德的定义是适用的：梦是未实现的愿望的替代。未实现不等于不可能实现，世上的确有人升了官发了财，娶了美人或嫁了富翁，得了诺贝尔奖。这种梦的价值取决于能否变成现实，如果不能，我们就说它是不切实际的梦想。

第二种梦，它的内容与实际无关，因而不能用能否变成现实来衡量它的价值。譬如说，陶渊明梦见桃花源，鲁迅梦见好的故事，但丁梦见天堂，或者作为普通人的我们梦见一片美丽的风景。这种梦不能实现也不需要实现，它的价值在其自身，做这样的梦本身就是享受，而记载了这类梦的《桃花源记》《好的故事》《神曲》本身便成了人类的精神财富。

所谓好梦成真往往是针对第一种梦发出的祝愿，我承认有其合理性。一则古代故事描绘了一个贫穷的樵夫，说他白天辛苦打柴，夜晚大做其富贵梦，奇异的是每晚的梦像连续剧一样向前推进，最后好像是当上了皇帝。这个樵夫因此过得十分快活，他的理由是：倘若把夜晚的梦当成现实，把白天的现实当成梦，他岂不就是天下最幸福的人。这种自欺的逻辑遭到了当时人的哄笑，我相信我们今天的人也多半会加入哄笑的行列。

可是，说到第二种梦，情形就很不同了。我想把这种梦的范围和含义扩大一些，举凡组成一个人的心灵生活的东西，包括生命的感悟，艺术的体验，哲学的沉思，宗教的信仰，都可归入其中。这样的梦永远不会变成看得见摸得着的直接现实，在此意义上不可能成真。但也不必在此意义上成真，因为它们有着与第一种梦完全不同的实现方式，不妨说，它们的存在本身就已经构成了一种内在的现实，这样的好梦本身就已经是一种真。对真的理解应该宽泛一些，你不能说只有外在的荣华富贵是真实的，内在的智慧教养是虚假的。一个内心生活丰富的人，与一个内心生活贫乏的人，他们是在实实在在的意义上过着截然不同的生活。

我把第一种梦称作物质的梦，把第二种梦称作精神的梦。不能说做第一种梦的人庸俗，但是，如果一个人只做物质的梦，从不做精神的梦，说他庸俗就不算冤枉。如果整个人类只梦见黄金而从不梦见天堂，则即使梦想成真，也只是生活在铺满金子的地狱里而已。

车窗外

小时候喜欢乘车,尤其是火车,占据一个靠窗的位置,扒在窗户旁看窗外的风景。这爱好至今未变。

列车飞驰,窗外无物长驻,风景永远新鲜。

其实,窗外掠过什么风景,这并不重要。我喜欢的是那种流动的感觉。景物是流动的,思绪也是流动的,两者融为一片,仿佛置身于流畅的梦境。

当我望着窗外掠过的景物出神时,我的心灵的窗户也洞开了。许多似乎早已遗忘的往事,得而复失的感受,无暇顾及的思想,这时都不召自来,如同窗外的景物一样在心灵的窗户前掠过。于是我发现,平时我忙于种种所谓必要的工作,使得我的心灵的窗户有太多的时间是关闭着的,我的心灵世界还有太多的风景未被鉴赏。而此刻,这些平时遭到忽略的心灵景观在打开了的窗户前源源不断地闪现了。

所以,我从来不觉得长途旅行无聊,或者毋宁说,我有点喜欢这一种无聊。在长途车上,我不感到必须有一个伴让我闲聊,或者必须有一种娱乐让我消遣。我甚至舍不得把时间花在读一本好书上,因为书什么时候都能读,白日梦却不是想做就能做的。

就因为贪图车窗前的这一份享受,凡出门旅行,我宁愿坐火车,不愿乘飞机。飞机太快地把我送到了目的地,使我来不及寂寞,因而来不及触发那种出神遐想的心境,我会因此感到像是未曾旅行一样。航行江海,我也宁愿搭乘普通轮船,久久站在甲板上,看波涛万古流涌,而不喜欢坐封闭型的豪华快艇。有一回,从上海到南通,我不幸误乘这种快艇,当别人心满意足地靠在舒适的软椅上看彩色录像时,我痛苦地盯着舱壁上那一个个窄小的密封窗口,真觉得自己仿佛遭到了囚禁。

我明白,这些仅是我的个人癖性,或许还是过了时的癖性。现代人出门旅行讲究效率和舒适,最好能快速到把旅程缩减为零,舒适到如同住在自己家里。令我不解的是,既然如此,又何必出门旅行呢?如果把人生譬作长途旅行,那么,现代人搭乘的这趟列车就好像是由工作车厢和娱乐车厢组成的,而他们的惯常生活方式就是在工作车厢里拼命干活和挣钱,然后又在娱乐车厢里拼命享受和把钱花掉,如此交替往复,再没有工夫和心思看一眼车窗外的风景了。

光阴蹉跎,世界喧嚣,我自己要警惕,在人生旅途上保持一份童趣和闲心是不容易的。如果哪一天我只是埋头于人生中的种种事务,不再有兴致趴在车窗旁看沿途的风光,倾听内心的音乐,那时候我就真正老了俗了,那样便辜负了人生这一趟美好的旅行。

美的享受

创世的第一日,上帝首先创造的是光。"神说,要有光,就有了光。神看光是好的,就把光和暗分开了。"你看,在上帝眼里,光是好的而不是有用的,他创造世界根据的是趣味而不是功利。这对于审美的世界观是何等有力的一个譬喻。

每个人都睁着眼睛,但不等于每个人都在看世界。许多人几乎不用自己的眼睛看,他们只听别人说,他们看到的世界永远是别人说的样子。人们在人云亦云中视而不见,世界就成了一个雷同的模式。一个人真正用自己的眼睛看,就会看见那些不能用模式概括的东西,看见一个与众不同的世界。

人活在世上,真正有意义的事情是看。看使人区别于动物。动物只是吃喝,它们不看与维持生存无关的事物。动物只是交配,它们不看爱侣眼中的火花和脸上的涟漪。人不但看世间万物和人间百相,而且看这一切背后的意蕴,于是有了艺术、哲学和宗教。

在孩子眼里,世界充满着谜语。可是,成人常常用千篇一律的谜底杀死了许多美丽的谜语。这个世界被孩子的好奇的眼光照耀得色彩绚丽，却在成人洞察一切的眼睛注视下苍白失色了。

"诗意地理解生活"，这是我们从童年和少年时代得到的最可贵的礼物，可惜的是多数人丢失了这件礼物。也许是不可避免的，匆忙的实际生活迫使我们把事物简化、图式化，无暇感受种种细微差别。概念取代了感觉，我们很少看、听和体验。唯有少数人没有失去童年的清新直觉和少年的微妙心态，这少数人就成了艺术家。

看并且惊喜，这就是艺术，一切艺术都存在于感觉和心情的这种直接性之中。不过，艺术并不因此而易逝，相反，当艺术家为我们提供一种新的看、新的感觉时，他同时也就为我们开启了一个新的却又永存的世界。

也许新鲜感大多凭借遗忘。一个人如果把自己的所有感觉都琢磨透并且牢记在心，不久之后他就会发现世上没有新鲜东西了。

艺术家是最健忘的人，他眼中的世界永远新鲜。

美是主观的还是客观的？看见了美的人不会去争论这种愚蠢的问题。在精神的国度里，一切发现都同时是创造，一切收获都同时是奉献。那些从百花中采蜜的蜂儿，它们同时也向世界贡献了蜜。

艺术是一朵不结果实的花，正因为不结果实而更显出它的美来，它是以美为目的本身的自为的美。

当心中强烈的情感无法排遣时，艺术就诞生了。

诗是找回那看世界的第一瞥。诗解除了因熟视无睹而产生的惰性，使平凡的事物回复到它新奇的初生状态。

每当我在灯下清点我的诗的积蓄时，我的心多么平静，平静得不像诗人。

我是我的感觉的守财奴。

世上本无奇迹，但世界并不因此而失去了魅力。我甚至相信，人最接近上帝的时刻不是在上帝向人显示奇迹的时候，而是在人认识到世上并无奇迹却仍然对世界的美丽感到惊奇的时候。

尽管美感的发生有赖于感官，但感官的任何感受如果未能使心灵愉悦，我们就不会觉得美。所以，美感本质上不是感官的快乐，而是一种精神性的愉悦。正因为此，美能陶冶性情，净化心灵。一个爱美的人，在精神生活上往往会有较高的追求和品位。

花的蓓蕾，树的新芽，壁上摇曳的光影，手的轻柔的触摸 它们会使人的感官达于敏锐的极致，似乎包含着无穷的意味。

相反，繁花簇锦，光天化日，热烈拥抱，真所谓信息爆炸，但感官麻痹了，意味丧失了。

"奈此良夜何！"——不但良夜，一切太美的事物都会使人感到无奈：这么美，叫人如何是好！

阅读的快乐

　　青春期是人生最美妙的时期。恋爱是青春期最美妙的事情。我说的恋爱是广义的，不只是对异性的憧憬和眷恋，随着春心萌动，少男少女对世界和人生都是一种恋爱的心情，眼中的一切都闪放着诱人的光芒。在这样的心情中，一个人有幸接触到书的世界，就有了青春期最美妙的恋爱——青春期的阅读。

　　青春期的阅读真正具有恋爱的性质，那样如痴如醉，充满着奇遇和单纯的幸福。人的一生中，以后再不会有如此纯洁而痴迷的阅读了，成年人的阅读几乎不可避免地被功利、事务、疲劳损害。但是，倘若从来不曾有过青春期的阅读，结果是什么，你们看一看那些走出校门后不再读书的人就知道了。

　　对我们影响最大的书往往是我们年轻时读的某一本书，它的力量多半不源于它自身，而源于它介入我们生活的那个时机。那是一个最容易受影响的年龄，我们好歹要崇拜一个什么人，如果没有，就崇拜一本什么书。后来重读这本书，我们很可能会对它失望，并且诧异当初它何以使自己如此心醉神迷。但我们不必惭愧，事实上那是我们的精神初恋，而初恋对象不过是把我们引入精神世界的一个诱因罢了。当然，同时它也是一个征兆，我们早期着迷的书的性质大致显示了我们的精神类型，预示了我们后来精神生活的走向。

年长以后，书对我们很难再有这般震撼效果了。无论多么出色的书，我们和它都保持着一个距离。或者是我们的理性已经足够成熟，或者是我们的情感已经足够迟钝，总之我们已经过了精神初恋的年龄。

阅读不但可以养心，而且可以养生，使人心宽体健。人的身体在很大程度上受心灵支配，忧虑往往致病，心态好是最好的养生。爱阅读的人，内心充实宁静，不会陷入令人烦恼焦虑的世事纷争之中。大学者中多寿星，原因就在于此。

阅读还可以救生，为人解惑消灾。人遇事之所以想不开，寻短见，是因为坐井观天，心胸狭窄。爱阅读的人，眼界开阔，一览众山小，比较容易超脱人生中一时一地的困境。

阅读甚至可以优生，助人教子育人。父母爱阅读，会在家庭中形成良好的文化氛围，对子女产生不教之教的熏陶作用。相反，父母自己不读书，却逼迫孩子用功，一定事倍功半。

智力活跃的青年并不天然地拥有心智生活，他的活跃的智力需要得到鼓励，而正是通过读那些使他品尝到了智力快乐和心灵愉悦的好书，他被引导进入了作为一个整体的人类心智生活之中。

一个人仅仅有了大学本科或研究生学历,或者有了某个领域的知识,他还不能算是知识分子。依我之见,一个人唯有真正品尝到了智力生活的快乐,从此热爱智力生活,养成智力活动的习惯,一辈子也改不掉了,让他不学习不思考他就难受,这样的人才叫知识分子。

喜欢学习,并且能够按照自己的兴趣安排自己的学习,这就是好的智力素质。我深信,具有这样素质的学生不管是否考进了名校,将来都会有出息。

真正的阅读必须有灵魂的参与,它是一个人的灵魂在一个借文字符号构筑的精神世界里的漫游,是在这漫游途中的自我发现和自我成长,因而是一种个人化的精神行为。

严格地说,好读书和读好书是一回事,在读什么书上没有品位的人是谈不上好读书的。所谓品位,就是能够通过阅读而过一种心智生活,使你对世界和人生的思索始终处在活泼的状态。世上真正的好书,都应该能够发生这样的作用,而不只是向你提供信息或者消遣。

藏书多得一辈子读不完,可是,一见好书或似乎好的书,还是忍不住要买,仿佛能够永远活下去读下去似的。

嗜好往往使人忘记自己终有一死。

世人不计其数，知己者数人而已，书籍汪洋大海，投机者数本而已。我们既然不为只结识总人口中一小部分而遗憾，那么也就不必为只读过全部书籍中一小部分而遗憾了。

我承认我从写作中也获得了许多快乐，但是，这种快乐并不能代替读书的快乐。有时候我还觉得，写作侵占了我的读书的时间，使我蒙受了损失。写作毕竟是一种劳动和支出，而读书纯粹是享受和收入。

读书犹如交友，再情投意合的朋友，在一块待得太久也会腻味的。书是人生的益友，但也仅止于此，人生的路还得自己走。在这路途上，人与书之间会有邂逅、离散、重逢、诀别、眷恋、反目、共鸣、误解，其关系之微妙，不亚于人与人之间，给人生添上了如许情趣。也许有的人对一本书或一位作家一见倾心，爱之弥笃，乃至白头偕老。我在读书上却没有如此坚贞专一的爱情。倘若临终时刻到来，我相信使我含恨难舍的不仅有亲朋好友，还一定有若干册体己好书。但尽管如此，我仍不愿同我所喜爱的任何一本书或一位作家厮守太久，受染太深，丧失了我自己对书对人的影响力。

我衡量一本书对于我的价值的标准是：读了它之后，我自己是否也遏止不住地想写点什么，哪怕我想写的东西表面上与它似乎全然无关。

它给予我的是一种氛围，一种心境，使我仿佛置身于一种合宜的气候里，心中潜藏的种子因此发芽破土了。

有的书会唤醒我的血缘本能，使我辨认出我的家族渊源。书籍世界里是存在亲族谱系的，同谱系中的佼佼者既让我引以为豪，也刺激起了我的竞争欲望，使我也想为家族争光。

我在生活、感受、思考，把自己意识到的一些东西记录了下来。更多的东西尚未被我意识到，它们已经存在，仍处在沉睡和混沌之中。读书的时候，因为共鸣，因为抗争，甚至因为走神，沉睡的被唤醒了，混沌的变清晰了。对于我来说，读书的最大乐趣之一是自我发现，知道自己原来还有这么一些好东西。

我们读一本书，读到精彩处，往往情不自禁地要喊出声来：这是我的思想，这正是我想说的！有时候真是难以分清，哪是作者的本意，哪是自己的混入和添加。沉睡的感受唤醒了，失落的记忆找回了，朦胧的思绪清晰了。其余一切，只是死的"知识"，也就是说，只是外在于灵魂有机生长过程的无机物。

读书的心情是因时因地而异的。有一些书，最适合于在羁旅中、在无所事事中、在远离亲人的孤寂中翻开。这时候，你会觉得，虽然有形世界的亲人不在你的身旁，但你因此而得以和无形世界的亲人相逢了。在灵魂与灵魂之间必定也有一种亲缘关系，这种亲缘关系超越于种族和文化的差异，超越于生死，当你和同类灵魂相遇时，你的精神本能会立刻把它认出。

书籍少的时候，我们往往从一本书中读到许多东西。我们读到了书中有的东西，还读出了更多的书中没有的东西。

如今书籍愈来愈多，我们从书中读到的东西却愈来愈少。我们对书中有的东西尚且挂一漏万，更无暇读出书中没有的东西了。

读书犹如采金。有的人是沙里淘金，读破万卷，小康而已。有的人是点石成金，随手翻翻，便成巨富。

书籍是人类经典文化的主要载体。电视和网络更多地着眼于当下，力求信息传播的新和快，不在乎文化的积淀。因此，一个人如果主要甚至仅仅看电视和上网，他基本上就是一个没有文化的人。他也许知道天下许多奇闻八卦，但这些与他的真实生活毫无关系，与他的精神生长更毫无关系。一个不读书的人是没有根的，他对人类文化传统一无所知，本质上是贫乏和空虚的。我希望今天的青少年不要成为没有文化的一代人。

对今天青年人的一句忠告：多读书，少上网。你可以是一个网民，但你首先应该是一个读者。如果你不读书，只上网，你就真成一条网虫了。称网虫是名副其实的，整天挂在网上，看八卦，聊天，玩游戏，精神营养极度不良，长成了一条虫。

互联网是一个好工具，然而，要把它当工具使用，前提是你精神上足够强健。否则，结果只能是它把你当工具使用，诱使你消费，它赚了钱，你却被毁了。

与大师为友

费尔巴哈说：人就是他所吃的东西。至少就精神食物而言，这句话是对的。从一个人的读物大致可以判断他的精神品级。一个在阅读和沉思中与古今哲人文豪倾心交谈的人，与一个只读明星逸闻和凶杀故事的人，他们当然有着完全不同的内心世界。我甚至要说，他们也是生活在完全不同的外部世界上，因为世界本无定相，它对于不同的人呈现不同的面貌。

有人问一位登山运动员为何要攀登珠穆朗玛峰，得到的回答是："因为它在那里。"别的山峰不存在吗？在他眼里，它们的确不存在，他只看见那座最高的山。爱书者也应该有这样的信念：非最好的书不读。让我们去读最好的书吧，因为它在那里。

攀登大自然的高峰，我们才能俯视大千，一览众山小。阅读好书的效果与此相似，伟大的灵魂引领我们登上精神的高峰，超越凡俗生活，领略人生天地的辽阔。

要读好书，一定要避免读坏书。所谓坏书，主要是指那些平庸的书。读坏书不但没有收获，而且损害莫大。一个人平日读什么书，会在内听觉中形成一种韵律，当他写作的时候，他就会不由自主地跟着这韵律走。因此，大体而论，读书的档次决定了写作的档次。

优秀的书籍组成了一个伟大宝库，它就在那里，属于一切人而又不属于任何人。你必须走进去，自己去占有适合于你的那一份宝藏，而阅读就是占有的唯一方式。对于没有养成阅读习惯的人来说，它等于不存在。人们孜孜于享用人类的物质财富，却自动放弃了享用人类精神财富的权利，竟不知道自己蒙受了多么大的损失。

人类历史上产生了那样一些著作，它们直接关注和思考人类精神生活的重大问题，因而是人文性质的，同时其影响得到了许多世代的公认，已成为全人类共同的财富，因而又是经典性质的。我们把这些著作称作人文经典。在人类精神探索的道路上，人文经典构成了一种伟大的传统，任何一个走在这条路上的人都无法忽视其存在。

人文经典是一座圣殿，它就在我们身边，一切时代的思想者正在那里聚会，我们只要走进去，就能聆听到他们的佳言隽语。就最深层的精神生活而言，时代的区别并不重要，无论是两千年前的先贤，还是近百年来的今贤，都同样古老，也都同样年轻。

我要庆幸世上毕竟有真正的好书，它们真实地记录了那些优秀灵魂的内在生活。不，不只是记录，当我读它们的时候，我鲜明地感觉到，作者在写它们的同时就是在过一种真正的灵魂生活。这些书多半是沉默的，可是我知道它们存在着，等着我去把它们一本本打开，无论打开哪一本，都必定会是一次新的难忘的经历。读了这些书，我仿佛结识了一个个不同的朝圣者，他们走在各自的朝圣路上。

一个人的阅读趣味大致规定了他的精神品位，而纯正的阅读趣味正是在读好书中养成的。

读那些永恒的书，做一个纯粹的人。

读大师的书，走自己的路。

有的人生活在时间中，与古今哲人贤士相晤谈。有的人生活在空间中，与周围邻人俗士相往还。

大师绝对比追随者可爱无比也更加平易近人，直接读原著是通往智慧的捷径。这就像在现实生活中，真正的伟人总是比那些包围着他们的秘书和仆役更容易接近，困难恰恰在于怎样冲破这些小人物的阻碍。可是，在阅读中不存在这样的阻碍，经典名著就在那里，任何人想要翻开都不会遭到拒绝，那些爱读二三手解读类、辅导类读物的人其实是自甘于和小人物周旋。

自我是一个凝聚点。不应该把自我溶解在大师们的作品中，而应该把大师们的作品吸收到自我中来。对于自我来说，一切都只是养料。

怎么读大师的书？我提倡的方法是：不求甚解，为我所用。

不求甚解，就是用读闲书的心情读，不被暂时不懂的地方卡住，领会其大意即可。这是一个受熏陶的过程，在此过程中，你用来理解大师的资源——即人文修养——在积累，总有一天会发现，你读大师的书真的像读闲书一样轻松愉快了。

为我所用，就是不死抠所谓原义，只把大师的书当作自我生长的养料，你觉得自己在精神上有所感悟和提高就可以了。你的收获不是采摘了某一个大师的果实，而是结出你自己的果实。

我的读书旨趣有三个特点。第一，虽然我的专业是哲学，但我的阅读范围不限于哲学，始终喜欢看"课外书"，而我从文学作品和各类人文书籍中同样学到了哲学。第二，虽然我的阅读范围很宽，但对书籍的选择却很挑剔，以读经典名著为主，其他的书只是随便翻翻，对媒体宣传的畅销书完全不予理睬。第三，虽然读的是经典名著，但我喜欢把它们当作闲书来读，不端做学问的架子，而我确实在读经典名著中得到了最好的消遣。

读书的癖好

人的癖好五花八门，读书是其中之一。但凡人有了一种癖好，也就有了看世界的一种特别眼光，甚至有了一个属于他的特别的世界。不过，和别的癖好相比，读书的癖好能够使人获得一种更为开阔的眼光，一个更加丰富多彩的世界。我们也许可以据此把人分为有读书癖的人和没有读书癖的人，这两种人生活在很不相同的世界上。

比起嗜书如命的人来，我只能勉强算作一个有一点读书癖的人。根据我的经验，人之有无读书的癖好，在少年甚至童年时便已见端倪。那是一个求知欲汹涌勃发的年龄，不必名著佳篇，随便一本稍微有趣的读物就能点燃对书籍的强烈好奇。回想起来，使我发现书籍之可爱的不过是上小学时读到的一本普通的儿童读物，那里面讲述了一个淘气孩子的种种恶作剧，逗得我不停地捧腹大笑。从此以后，我对书不再是视若不见，而是刮目相看了，我眼中有了一个书的世界，看得懂看不懂的书都会使我眼馋心痒，我相信其中一定藏着一些有趣的事情，等待我去见识。随着年龄增长，所感兴趣的书的种类当然发生了很大的变化，对书的兴趣则始终不衰。现在我觉得，一个人读什么书诚然不是一件次要的事情，但前提还是要有读书的爱好，而只要真正爱读书，就迟早会找到自己的书中知己的。

读书的癖好与所谓刻苦学习是两回事，它讲究的是趣味。所以，一个认真做功课和背教科书的学生，一个埋头从事专业研究的学者，都称不上是有读书癖的人。有读书癖的人所读之书必不限于功课和专业，毋宁说更爱读课外和专业之外的书籍，也就是所谓闲书。当然，这并不妨碍他对自己的专业发生浓厚的兴趣，做出伟大的成就。英国哲学家罗素便是一个在自己的专业上做出了伟大的成就的人，然而，正是他最热烈地提倡青年人多读"无用的书"。其实，读"有用的书"即教科书和专业书固然有其用途，可以获得立足于社会的职业技能，但是读"无用的书"也并非真的无用，那恰恰是一个人精神生长的领域。从中学到大学到研究生，我从来不是一个很用功的学生，上课偷读课外书乃至逃课是常事。我相信许多人在回首往事时会和我有同感：一个人的成长基本上得益于自己读书，相比之下，课堂上的收获显得微不足道。我不想号召现在的学生也逃课，但我国的教育现状确实令人担忧。中小学本是培养对读书的爱好的关键时期，而现在的中小学教育却以升学率为唯一追求目标，为此不惜将超负荷的功课加于学生，剥夺其课外阅读的时间，不知扼杀了多少孩子现在和将来对读书的爱好。

那么，一个人怎样才算养成了读书的癖好呢？我觉得倒不在于读书破万卷，一头扎进书堆，成为一个书呆子。重要的是一种感觉，即读书已经成为生活的基本需要，不读书就会感到欠缺和不安。宋朝诗人黄山谷有一句名言："三日不读书，便觉语言无味，面目可憎。"林语堂解释为：你三日不读书，别人就会觉得你语言无味，面目可憎。这当然也说得通，一个不爱读书的人往往是乏味的因而不让人喜欢的。不过，我认为这句话主要还是说自己的感觉：你三日不读书，你就会自惭形秽，羞于对人说话，觉得没脸见人。如果你有这样的感觉，你就必定是个有读书癖的人了。

有一些爱读书的人，读到后来，有一天自己会拿起笔来写书，我也是其中之一。所以，我现在成了一个作家，也就是以写作为生的人。我承认我从写作中也获得了许多快乐，但是，这种快乐并不能代替读书的快乐。有时候我还觉得，写作侵占了我的读书的时间，使我蒙受了损失。写作毕竟是一种劳动和支出，而读书纯粹是享受和收入。我向自己发愿，今后要少写多读，人生几何，我不该亏待了自己。

愉快是基本标准

读了大半辈子书，倘若有人问我选择书的标准是什么，我一定会毫不犹豫地回答：愉快是基本标准。一本书无论专家们说它多么重要，排行榜说它多么畅销，如果读它不能使我感到愉快，我就宁可不去读它。

人做事情，或是出于利益，或是出于性情。出于利益做的事情，当然就不必太在乎是否愉快。我常常看见名利场上的健将一面叫苦不迭，一面依然奋斗不止，对此我完全能够理解。我并不认为他们的叫苦是假，因为我知道利益是一种强制力量，而就他们所做的事情的性质来说，利益的确比愉快更加重要。相反，凡是出于性情做的事情，亦即仅仅为了满足心灵而做的事情，愉快就都是基本的标准。属于此列的不仅有读书，还包括写作、艺术创作、艺术欣赏、交友、恋爱、行善等等，简言之，一切精神活动。如果在做这些事情时不感到愉快，我们就必须怀疑是否有利益的强制在其中起着作用，使它们由性情生活蜕变成了功利行为。

读书唯求愉快，这是一种很高的境界。关于这种境界，陶渊明做了最好的表述："好读书，不求甚解。每有会意，便欣然忘食。"不过，我们不要忘记，在《五柳先生传》中，这句话前面的一句话是："闲静少言，不慕荣利。"可见要做到出于性情而读书，其前提是必须有真性情。那些躁动不安、事事都想发表议论的人，那些渴慕荣利的人，一心以求解的本领和真理在握的姿态夸耀于人,哪里肯甘心于自个儿会意的境界。

以愉快为基本标准,这也是在读书上的一种诚实的态度。无论什么书,只有你读时感到了愉快,使你发生了共鸣和获得了享受,你才应该承认它对于你是一本好书。在这一点上,毛姆说得好:"你才是你所读的书对于你的价值的最后评定者。"尤其是文学作品,本身并无实用,唯能使你的生活充实,而要做到这一点,前提是你喜欢读。没有人有义务必须读诗、小说、散文。哪怕是专家们同声赞扬的名著,如果你不感兴趣,便与你无干。不感兴趣而硬读,其结果只能是不懂装懂,人云亦云。相反,据我所见,凡是真正把读书当作享受的人,往往能够直抒己见。譬如说,蒙田就敢于指责柏拉图的对话录和西塞罗的著作冗长拖沓,坦然承认自己欣赏不了,博尔赫斯甚至把弥尔顿的《失乐园》和歌德的《浮士德》称作最著名的引起厌倦的方式,宣布乔伊斯作品的费解是作者的失败。这两位都是学者型的作家,他们的博学无人能够怀疑。我们当然不必赞同他们对于那些具体作品的意见,我只是想借此说明,以读书为乐的人必有自己鲜明的好恶,而且对此心中坦荡,不屑讳言。

我不否认,读书未必只是为了愉快,出于利益的读书也有其存在的理由,例如学生的做功课和学者的做学问。但是,同时我也相信,在好的学生和好的学者那里,愉快的读书必定占据着更大的比重。我还相信,与灌输知识相比,保护和培育读书的愉快是教育的更重要的任务。所以,如果一种教育使学生不能体会和享受读书的乐趣,反而视读书为完全的苦事,我们便可以有把握地判断它是失败了。

做一个真正的读者

读者是一个美好的身份。每个人在一生中会有各种其他的身份，例如学生、教师、作家、工程师、企业家等，但是，如果不同时也是一个读者，这个人就肯定存在着某种缺陷。一个不是读者的学生，不管他考试成绩多么优秀，本质上不是一个优秀的人才。一个不是读者的作家，我们有理由怀疑他作为作家的资格。在很大程度上，人类精神文明的成果是以书籍的形式保存的，而读书就是享用这些成果并把它们据为己有的过程。换言之，做一个读者，就是加入到人类精神文明的传统中去，做一个文明人。在某种意义上，一个民族的精神素质取决于人口中高趣味读者的比例。相反，对于不是读者的人来说，凝聚在书籍中的人类精神财富等于不存在，他们不去享用和占有这笔宝贵的财富，一个人唯有在成了读者以后才会知道，这是多么巨大的损失。历史上有许多伟大的人物，在他们众所周知的声誉背后，往往有一个人所不知的身份，便是终身读者，即一辈子爱读书的人。

然而，一个人并不是随便读点什么就可以称作读者的。在我看来，一个真正的读者应该具备以下特征——

第一，养成了读书的癖好。也就是说，读书成了生活的必需，真正感到不可缺少，几天不读书就寝食不安，自惭形秽。如果你必须强迫自己才能读几页书,你就还不能算是一个真正的读者。当然,这种情形绝非刻意为之,而是自然而然的,是品尝到了阅读的快乐之后的必然结果。事实上,每个人天性中都蕴涵着好奇心和求知欲,因而都有可能依靠自己去发现和领略阅读的快乐。遗憾的是,当今功利至上的教育体制正在无情地扼杀人性中这种最宝贵的特质。在这种情形下,我只能向有识见的教师和家长反复呼吁,请你们尽最大可能保护孩子的好奇心,能保护多少是多少,能抢救一个是一个。我还要提醒那些聪明的孩子,在达到一定年龄之后,你们要善于向现行教育争自由,学会自我保护和自救。

第二,形成了自己的读书趣味。世上书籍如汪洋大海,再热衷的书迷也不可能穷尽,只能尝其一瓢,区别在于尝哪一瓢。读书是一件非常私人的事情,喜欢读什么书,不论范围是宽是窄,都应该有自己的选择,体现了自己的个性和兴趣。其实,形成个人趣味与养成读书癖好是不可分的,正因为找到了和预感到了书中知己,才会锲而不舍,欲罢不能。没有自己的趣味,仅凭道听途说东瞧瞧,西翻翻,连兴趣也谈不上,遑论癖好。针对当今图书市场的现状,我要特别强调,千万不要追随媒体的宣传只读一些畅销书和时尚书,倘若那样,你绝对成不了真正的读者,永远只是文化市场上的消费大众而已。须知时尚和文明完全是两回事,一个受时尚支配的人仅仅生活在事物的表面,貌似前卫,本质上却是一个野蛮人,唯有扎根于人类精神文明土壤中的人才是真正的文明人。

第三,有较高的读书品位。一个真正的读者具备基本的判断力和鉴赏力,仿佛拥有一种内在的嗅觉,能够嗅出一本书的优劣,本能地拒斥劣书，倾心好书。这种能力部分地来自阅读的经验，但更多地源自一个人灵魂的品质。当然，灵魂的品质是可以不断提高的，读好书也是提高的途径，二者之间有一种良性循环的关系。重要的是一开始就给自己确立一个标准，每读一本书，一定要在精神上有收获，能够进一步开启你的心智。只要坚持这个标准，灵魂的品质和对书的判断力就自然会同步得到提高。一旦你的灵魂足够丰富和深刻，你就会发现，你已经上升到了一种高度，不再能容忍那些贫乏和浅薄的书了。

　　能否成为一个真正的读者，青少年时期是关键。经验证明，一个人在这个时期倘若没有养成读好书的习惯，以后再要培养就比较难了，倘若养成了，则必定终身受用。青少年对未来有种种美好的理想，我对你们的祝愿是，在你们的人生蓝图中千万不要遗漏了这一种理想，就是立志做一个真正的读者，一个终身读者。

写作的理由

写作是精神生活的方式之一。人有两个自我，一个是内在的精神自我，一个是外在的肉身自我，写作是那个内在的精神自我的活动。普鲁斯特说，当他写作的时候，进行写作的不是日常生活中的那个他，而是"另一个自我"。他说的就是这个意思。

外在自我会有种种经历，其中有快乐也有痛苦，有顺境也有逆境。通过写作，可以把外在自我的经历，不论快乐和痛苦，都转化成了内在自我的财富。有写作习惯的人，会更细致地品味、更认真地思考自己的外在经历，仿佛在内心中把既有的生活重过一遍，从中发现丰富的意义并储藏起来。

我相信人不但有外在的眼睛，而且有内在的眼睛。外在的眼睛看见现象，内在的眼睛看见意义。被外在的眼睛看见的，成为大脑的贮存，被内在的眼睛看见的，成为心灵的财富。

许多时候，我们的内在眼睛是关闭着的。于是，我们看见利益，却看不见真理，看见万物，却看不见美，看见世界，却看不见上帝，我们的日子是满的，生命却是空的，头脑是满的，心却是空的。

外在的眼睛不使用，就会退化，常练习，就能敏锐。内在的眼睛也是如此。对于我来说，写作便是一种训练内在视力的方法，它促使我经常睁着内在的眼睛，去发现和捕捉生活中那些显示了意义的场景和瞬间。只要我保持着写作状态，这样的场景和瞬间就会源源不断。相反，一旦被日常生活之流裹挟，长久中断了写作，我便会觉得生活成了一堆无意义的碎片。事实上它的确成了碎片，因为我的内在眼睛是关闭着的，我的灵魂是昏睡着的，而唯有灵魂的君临才能把一个人的生活形成整体。所以，我之需要写作，是因为唯有保持着写作状态，我才真正在生活。

我的体会是，写作能够练就一种内在视觉，使我留心并善于捕捉住生活中那些有价值的东西。如果没有这种意识，总是听任好的东西流失，时间一久，以后再有好的东西，你也不会珍惜，日子就会过得浑浑噩噩。写作使人更敏锐也更清醒，对生活更投入也更超脱，既贴近又保持距离。

灵魂是一片园林，不知不觉中会长出许多植物，然后又不知不觉地凋谢了。我感到惋惜，于是写作。写作使我成为自己的灵魂园林中的一个细心的园丁，将自己所喜爱的植物赶在凋谢之前加以选择、培育、修剪、移植和保存。

文字是感觉的保险柜。岁月流逝，当心灵的衰老使你不再能时常产生新鲜的感觉，头脑的衰老使你遗忘了曾经有过的新鲜的感觉时，不必悲哀，打开你的保险柜吧，你会发现你毕竟还是相当富有的。勤于为自己写作的人，晚年不会太凄凉，因为你的文字——也就是不会衰老的那个你——陪伴着你，他比任何伴护更善解人意，更忠实可靠。

我不企求身后的不朽。在我的有生之年，我的文字陪伴着我，唤回我的记忆，沟通我的岁月，这就够了。

我也不追求尽善尽美。我的作品是我的足迹，我留下它们，以便辨认我走过的路，至于别人对它们做出何种解释，就与我无关了。

最纯粹、在我看来也最重要的私人写作是日记。我相信，一切真正的写作都是从写日记开始的，每一个好作家都有一个相当长久的纯粹私人写作的前史，这个前史决定了他后来之成为作家不是仅仅为了谋生，也不是为了出名，而是因为写作乃是他的心灵的需要。一个真正的写作者不过是一个改不掉写日记习惯的人罢了，他的全部作品都是变相的日记。他向自己说了太久的话，因而很乐意有时候向别人说一说。

在很小的时候，我就自发地偷偷写起了日记。一开始的日记极幼稚，只是写些今天吃了什么好东西之类。我仿佛本能地意识到那好滋味会消逝，于是想用文字把它留住。年岁渐大，我用文字留住了许多好滋味：爱，友谊，孤独，欢乐，痛苦……通过写作，我不断地把自己最好的部分转移到文字中去，到最后，罗马不在罗马了，我借此逃脱了时光的流逝。

我认为我的写作应该从写日记开始算，而不是从发表文章开始算。通过写日记，我逐渐获得了一种内在的视觉，使我注意并善于发现生活中那些有价值的片断，及时把它们抓住。如果没有这种意识，听任好的东西流失，时间一久，以后再有好的东西，你也不会珍惜，日子就会过得浑浑噩噩。

人生最宝贵的是每天、每年、每个阶段的活生生的经历，它们所带来的欢乐和苦恼，心情和感受，这才是一个人真正拥有的东西。但是，这一切仍然无可避免地会失去。通过写作，我们把易逝的生活变成长存的文字，就可以以某种方式继续拥有它们了。这样写下的东西，你会觉得对于你自己的意义是至上的，发表与否只有很次要的意义。

写作的快乐是向自己说话的快乐。真正爱写作的人爱他的自我，似乎一切快乐只有被这自我分享之后，才真正成其为快乐。他与人交谈似乎只是为了向自己说话，每有精彩之论，总要向自己复述一遍。

当一个少年人并非出于师长之命，而是自发地写日记时，他就已经进入了写作的实质。这表明第一，他意识到了并试图克服生存的虚幻性质，要抵抗生命的流逝，挽留岁月，留下它们曾经存在的确凿证据；第二，他有了与自己灵魂交谈、过内心生活的需要。

写日记一要坚持（基本上每天写），二要认真（不敷衍自己，对真正触动自己的事情和心情要细写，努力寻找准确的表达），三要秘密（基本上不给人看，为了真实）。这样持之以恒，不成为作家才怪呢，——

不成为作家才无所谓呢。

写作也是在苦难中自救的一种方式。通过写作，我们把自己与苦难拉开一个距离，把它作为对象，对它进行审视、描述、理解，以这种方式超越了苦难。

一个人有了苦恼，去跟人诉说是一种排解，但始终这样做的人就会变得肤浅。要学会跟自己诉说，和自己谈心，久而久之，你就渐渐养成了过内心生活的习惯。当你用笔这样做的时候，你就已经是在写作了，并且这是和你的内心生活合一的真实的写作。

遇到恶人和痛苦之事，我翻开了日记本，这时候我成为一个认识者，与身外遭遇拉开距离，把它们变成了借以认识人性和社会的材料。

我写作从来就不是为了影响世界，而只是为了安顿自己——让自己有事情做，活得有意义或者似乎有意义。

以为阅读只是学者的事，写作只是作家的事，这是极大的误解。阅读是与大师的灵魂交谈，写作是与自己的灵魂交谈，二者都是精神生活的方式。本真意义的阅读和写作是非职业的，属于每一个关注灵魂的人，而职业化则是一种异化。

养成写日记的习惯

如果你是一个重视心灵生活的人,我建议你养成写日记的习惯,理由如下——

第一,日记是岁月的保险柜。每个人都只拥有一次人生,而人生是由每天、每年、每个阶段的活生生的经历组成的。如果你热爱人生,你就一定会无比珍惜自己的经历,珍惜其中的欢乐和痛苦,心情和感受,因为它们是你真正拥有的东西。令人遗憾的是,这一切不可避免地会随着时间的流逝而失去。为了留住它们,人们想出了种种办法,例如用摄影和录像保存生活中的若干场景。但是,我认为写日记是更好的办法,与图像相比,文字的容量要大得多。通过写日记,我们仿佛把逝去的一个个日子放进了保险柜,有一天打开这个保险柜,这些日子便会历历在目地重现在眼前。记忆是不可靠的,对于一个不写日记的人来说,除了某些印象特别深刻的经历外,多数往事会渐渐模糊,甚至永远沉入遗忘的深渊。相反,如果有日记作为依凭,即使许多年前的细节,也比较容易在记忆中唤醒。在这个意义上,日记使人拥有了一个更丰富的人生。

第二,日记是灵魂的密室。人活在世上,不但要过外部生活,比如上学,和同学交往,而且要过内心生活。内心生活并不神秘,它实际上就是一个人自己与自己进行交谈。你读到了一本使你感动的书,你看到了一片使你陶醉的风景，你见到了一个使你心仪的人，你遇到了一件使你高兴或伤心的事，在这些时候，你心中也许有一些不愿或者不能对别人说的感受，你就用笔对自己说。当你这样做的时候，你是在写日记，同时也就是在过内心生活了。有的人只习惯于与别人共处，和别人说话，自己对自己无话可说，一旦独处就难受得要命，这样的人终究是肤浅的。人必须学会倾听自己的心声，自己与自己交流，这样才能逐渐形成一个较有深度的内心世界，而写日记正是帮助我们达到这一目的的有效手段。

第三，日记是忠实的朋友。我们在人世间不能没有朋友，真正的友谊使我们在困难时得到帮助，在痛苦时得到慰藉，在一切时候得到温暖和鼓舞。不过，请不要忘记，在所有的朋友之外，每个人还可以拥有一个特殊的朋友，那就是日记。在某种意义上，它是你的最忠实的朋友。没有人——包括你最亲密的朋友——是你的专职朋友，唯有日记可以说是。别的朋友总有忙于自己的事情而不能关心你的时候，而日记却随时听从你的召唤，永远不会拒绝倾听你的诉说。一个人养成了写日记的习惯，他仍会有寂寞的时光，但不会无法忍受，因为有日记陪伴他。

第四，日记是作家的摇篮。要成为一个够格的作家，基本条件是有真情实感，并且善于用恰当的语言把真情实感表达出来。在这方面，写日记是最好的训练，因为日记是写给自己看的，一个人总不会把空洞虚假的东西献给自己。对于学生提高写作能力来说，日记有作文不可代替的作用。作文所起的作用在很大程度上取决于教师的水平，如果教师水平低，指导失当，甚至会起坏作用。与写作文不同，在写日记时，你是自由的，可以只写自己感兴趣的东西，不用为你不感兴趣的题目绞尽脑汁。你还可以只按照自己满意的方式写，不用考虑是否合乎某个老师的要求或某种固定的规范。按照自己满意的方式写自己感兴趣的题材，这正是文学创作的主要特征，所以写日记是比写作文更接近于创作的。事实上，许多优秀作家的创作就是从写日记开始的，而且，如果他们想继续优秀，就必须在创作中始终保持写日记时的那种自由心态。

要得到以上这些好处，必须遵守三个条件。一是坚持，尤其开始时每天都写，来不及就第二天补写，决不偷懒，决不姑息自己，这样才能形成习惯。二是认真，对触动了自己的事情和心情要仔细写，努力寻找确切的表达，决不马虎，决不敷衍自己，这样写出的日记才具有我在上面列举的这些价值。三是私密，基本上不给人看，这样在写日记时才能排除他人眼光的干扰，坦然面对自己，句句都写真心话。

第八辑

爱的幸福

表达你心中的爱和善意

——皮特·尼尔森《圣诞节清单》中译本序

这是一本令人感到温暖的书,在一个人性迷失的时代,它试图重新唤起我们对人性的信心。它提醒每一个人:你心中不但要有爱和善意,而且要及时地、公开地表达你心中的爱和善意。这个道理似乎简单,却常常被我们忽视。

我们活在世上,人人都有对爱和善意的需要。今天你出门,不必有奇遇,只要一路遇到的是友好的微笑,你就会觉得这一天十分美好。如果你知道世上有许多人喜欢你、肯定你、善待你,你就会觉得人生十分美好,这个世界十分美好。即使你是一个内心很独立的人,情形仍是如此,没有人独立到了不需要来自同类的爱和善意的地步。

那么,我们就应该经常想到,我们的亲人、朋友、同学、同事,他们都有这同样的需要。这赋予了我们一种责任:对于我们周围的人来说,这个世界是否美好,在很大程度上取决于我们是否爱他们、善待他们。我们每一个人都有责任给世界增添爱和善意,如同本书的主人公所说,借此"把世界变成一个更好的、值得留恋的地方"。

应该相信,世上绝大多数人是善良的,而在每一个善良的人心中,爱和善意原是最自然的情感。可是,在许多时候,我们宁愿把这种情感埋在心里，不向相关的人表达出来。有时候我们是顾不上表达，忙于做自己的事，似乎缺乏表达的机会。有时候我们是羞于表达，碍于一种反向的面子，似乎怕对方不在乎自己的表达甚至会感到唐突。我们中国人在这方面尤其有心理障碍，其根源也许可追溯到讲究老幼尊卑的传统文化，从小生活在连最亲的亲人——父母与子女——之间也缺乏情感语言交流的环境中，使得我们始终不习惯用语言表达情感。

当然，最重要的事情是爱和善意本身，而不是表达。当然，表达有种种方式，不限于语言。然而，不可低估语言的作用。有一个人，也许他正在苦闷中，甚至患了忧郁症，认为自己已被世上一切人抛弃，你的一次充满爱心的谈话就能救他，但你没有救他，他终于自杀了。其实，这样的事经常在发生。当亲友中的某个人去世时，我们往往会后悔，有些一直想对他说的话再也没有机会说了。事实上，每一个人都在不可避免地走向死亡，我们随时面临着太迟的可能性。一切真诚的爱和善意，在本质上都是给予，并不求回报，因此没有什么可羞于启齿的。那是你心中的财富，你本应该及时把它呈献出来，让那个与它相关的人共享。

我不主张对少年人隐瞒社会的实情，让他们把一切都想象得非常美好，这会使他们失去免疫力，或者陷入幻灭的痛苦。但是，我更反对那种一味引导他们适应社会消极面的实用主义教育。在一定意义上，少年人今天的精神面貌决定了社会明天的面貌。我期望他们成为珍惜精神价值的一代，珍惜爱和善意的价值的一代，期望他们每一个人从小就树立信念："如果说学习如何给予爱、获得爱不是这个世界上重要的事，那么我就不知道什么是重要的了。"

有爱心的人有福了

在与幸福相关的各种因素中，爱无疑是幸福的最重要源泉之一。然而，什么是爱呢？当我们说到爱的时候，我们往往更多想到的是被爱。这并不奇怪。我们从小就生活在父母的宠爱之下，因而太习惯于被爱了。从小到大，我们渴望得到许多的爱。当我们遇到困难时，我们希望有人一伸援助之手。当我们经受痛苦时，我们希望有人与我们分担。我们希望我们的亲人和朋友常常惦记着我们，有福与我们同享。在恋爱和婚姻中，我们也非常在乎被爱，对于自己在爱人心目中的地位十分敏感。我们自觉不自觉地把自己的幸福系于被他人所爱的程度，一旦在这方面受挫，就觉得自己非常不幸。

的确，对于我们的幸福来说，被爱是重要的。如果我们得到的爱太少，我们就会觉得这个世界很冷酷，自己在这个世界上很孤单。然而，与是否被爱相比，有无爱心却是更重要的。一个缺少被爱的人是一个孤独的人，一个没有爱心的人则是一个冷漠的人。孤独的人只要具有爱心，他仍会有孤独中的幸福，如雪莱所说，当他的爱心在不理解他的人群中无可寄托时，便会投向花朵、小草、河流和天空，并因此而感受到心灵的愉悦。可是，倘若一个人没有爱心，则无论他表面上的生活多么热闹，幸福的源泉已经枯竭，他那颗冷漠的心是绝不可能真正快乐的。

一个只想被人爱而没有爱人之心的人，其实根本不懂得什么是爱。他真正在乎的也不是被爱，而是占有。爱心是与占有欲正相反对的东西。爱本质上是一种给予，而爱的幸福就在这给予之中。许多贤哲都指出，给予比得到更幸福。一个明显的证据是亲子之爱，有爱心的父母在照料和抚育孩子的过程中便感受到了极大的满足。在爱情中，也是当你体会到你给你所爱的人带来了幸福之时，你自己才最感到幸福。爱的给予既不是谦卑的奉献，也不是傲慢的施舍，它是出于内在的丰盈的自然而然的流溢，因而是超越于道德和功利的考虑的。尼采说得好："凡出于爱心所为，皆与善恶无关。"爱心如同光源，爱者的幸福就在于光照万物。爱心又如同甘泉，爱者的幸福就在于泽被大地。丰盈的爱心使人像神一样博大，所以，《圣经》里说："神就是爱。"

　　对于个人来说，最可悲的事情不是在被爱方面受挫，例如失恋、朋友反目等等，而是爱心的丧失，从而失去了感受和创造幸福的能力。对于一个社会来说，爱心的普遍丧失则是可怕的，它的确会使世界变得冷如冰窟，荒凉如沙漠。在这样的环境中，善良的人们不免寒心，但我希望他们不要因此也趋于冷漠，而是要在学会保护自己的同时，仍葆有一颗爱心。应该相信，世上善良的人总是多数，爱心必能唤起爱心。不论个人还是社会，只要爱心犹存，就有希望。

相遇是一种缘

人与人的相遇，是人生的基本境遇。爱情，一对男女原本素不相识，忽然生死相依，成了一家人，这是相遇。亲情，一个生命投胎到一个人家，把一对男女认作父母，这是相遇。友情，两个独立灵魂之间的共鸣和相知，这是相遇。相遇是一种缘。爱情，亲情，友情，人生中最重要的相遇，多么偶然，又多么珍贵。

在这世界上，谁和谁的相遇不是偶然的呢？分歧在于对偶然的评价。在茫茫人海里，两个个体相遇的几率只是千千万万分之一，而这两个个体终于极其偶然地相遇了。我们是应该因此而珍惜这个相遇呢，还是因此而轻视它们？假如偶然是应该蔑视的，则首先要遭到蔑视的是生命本身，因为在宇宙永恒的生成变化中，每一个生命诞生的几率几乎等于零。然而，倘若一个偶然诞生的生命竟能成就不朽的功业，岂不更证明了这个生命的伟大？同样，世上并无命定的情缘，凡缘皆属偶然，好的情缘的魔力岂不恰恰在于，最偶然的相遇却唤起了最深刻的命运之感？

浩渺宇宙间，任何一个生灵的降生都是偶然的，离去却是必然的；一个生灵与另一个生灵的相遇总是千载一瞬，分别却是万劫不复。说到底，谁和谁不同是这空空世界里的天涯沦落人？

以大爱之心珍惜人生中一切美好的相遇，珍惜已经得到的爱情、亲情和友情，在每一个小爱中实现大爱的境界。

当我们的亲人远行或故世之后，我们会不由自主地百般追念他们的好处，悔恨自己的疏忽和过错。然而，事实上，即使尚未生离死别，我们所爱的人何尝不是在时时刻刻离我们而去呢？

在平凡的日常生活中，你已经习惯了和你所爱的人的相处，仿佛日子会这样无限延续下去。忽然有一天，你心头一惊，想起时光在飞快流逝，正无可挽回地把你、你所爱的人以及你们共同拥有的一切带走。于是，你心中升起一股柔情，想要保护你的爱人免遭时光劫掠。你还深切感到，平凡生活中这些最简单的幸福也是多么宝贵，有着稍纵即逝的惊人的美

当亲友中某个人去世时，我们往往会后悔，有些一直想对他说的话再也没有机会说了。事实上，每一个人都在不可避免地走向死亡，我们随时面临着太迟的可能性。

因此，你心中不但要有爱和善意，而且要及时地表达，让那个与之相关的人和你共享。

凡正常人，都兼有疼人和被人疼两种需要。在相爱者之间，如果这两种需要不能同时在对方身上获得满足，便潜伏着危机。那惯常被疼的一方最好不要以为，你遇到了一个只想疼人不想被人疼的纯粹父亲型的男人或纯粹母亲型的女人。在这茫茫宇宙间，有谁不是想要被人疼的孤儿？

夫妇之间，亲子之间，情太深了，怕的不是死，而是永不再聚的失散，以至于真希望有来世或者天国。佛教说诸法因缘生，教导我们看破无常，不要执着。可是，千世万世只能成就一次的佳缘，不管是遇合的，还是修来的，叫人怎么看得破。

茫茫宇宙中，两个生命相遇和结合，然后又有新的生命来投胎，若干生命相伴了漫长岁月，在茫茫宇宙中却只是一瞬间。此中的缘和情，喜和悲，真令人不胜唏嘘。

父母和孩子的联系，在生物的意义上是血缘，在宗教的意义上是灵魂的约会。在超越时空的那个世界里，这一个男人、这一个女人、这一个孩子原本都是灵魂，无所谓夫妻和亲子，却仿佛一直在相互寻找，相约了来到这个时空的世界，在一个短暂的时间里组成了一个亲密的家，然后又将必不可免地彼此失散。每念及此，我心中充满敬畏、感动和忧伤，倍感亲情的珍贵。

假如死于那次车祸的人是我，会怎么样呢？怎么样也不会的！不错，我就没有后来的一切了，但没有了就没有了，对这个世界不会有任何影响，一个没有我的世界和以前不会有任何区别。

当然，亲人啊。仅仅是亲人们的生活轨道被彻底打乱了。说到底，和你命运真正休戚相关的唯有你的亲人。

什么是爱

爱,就是在这一世寻找那个仿佛在前世失散的亲人,就是在人世间寻找那个最亲的亲人。

爱是一份伴随着付出的关切,我们往往最爱我们倾注了最多心血的对象。

爱是耐心,是等待意义在时间中慢慢生成。

爱是没有理由的心疼和不设前提的宽容。

爱不是对象,爱是关系,是你在对象身上付出的时间和心血。你培育的园林没有皇家花园美,但你爱的是你的园林而不是皇家花园。你相濡以沫的女人没有女明星美,但你爱的是你的女人而不是女明星。

男女之间,真爱是什么感觉?有人说,必须是如痴如醉、要死要活,才可算数。这种激情状态当然很可贵也很美好,但一定是暂时的,不可能持久。真正长久和踏实的感情是这样一种感觉,仿佛两人从天荒地老时就在一起了,并且将永远这样在一起下去。这是一种当下即永恒的感觉,只要有这种感觉,就是真爱。

爱一个人的最好的方式是:把她(他)当作独立的个人尊重她,把她当作最亲的亲人心疼她。

爱一个人，就是心疼一个人。爱得深了，潜在的父性或母性必然会参加进来。只是迷恋，并不心疼，这样的爱还只停留在感官上，没有深入到心窝里，往往不能持久。

爱就是心疼。可以喜欢许多人，但真正心疼的只有一个。

一切真爱都是美的、善的，超越于是非和道德的评判。

与其说有理解才有爱，毋宁说有爱才有理解。爱一个人，一本书，一件艺术品，就会反复玩味这个人的一言一行，这本书的一字一句，这件作品的细枝末节，自以为揣摩出了某种深长意味，于是，"理解"了。

我不知道什么叫爱情。我只知道，如果那张脸庞没有使你感觉到一种甜蜜的惆怅，一种依恋的哀愁，那你肯定还没有爱。

你是看不见我最爱你的时候的情形的，因为我在看不见你的时候才最爱你。

真正的爱情也许会让人付出撕心裂肺的代价，但一定也能使人得到刻骨铭心的收获。

爱情的滋味最是一言难尽，它无比甜美，带给人的却常是无奈、惆怅、苦恼和忧伤。不过，这些痛苦的体验又何尝不是爱情的丰厚赠礼，一份首先属于心灵、然后属于艺术的宝贵财富，古今中外大诗人的作品就是证明。

爱情的质量取决于相爱者的灵魂的质量。真正高质量的爱情只能发生在两个富有个性的人之间。

对于灵魂的相知来说，最重要的是两颗灵魂本身的丰富以及由此产生的互相吸引，而绝非彼此的熟稔乃至明察秋毫。

爱情既是在异性世界中的探险，带来发现的惊喜，也是在某一异性身边的定居，带来家园的安宁。但探险不是猎奇，定居也不是占有。毋宁说，好的爱情是双方以自由为最高赠礼的洒脱，以及绝不滥用这一份自由的珍惜。

凭人力可以成就和睦的婚姻，得到幸福的爱情却要靠天意。

幸福是难的。也许，潜藏在真正的爱情背后的是深沉的忧伤，潜藏在现代式的寻欢作乐背后的是空虚。两相比较，前者无限高于后者。

给爱情划界时不妨宽容一些，以便为人生种种美好的遭遇保留怀念的权利。

让我们承认，无论短暂的邂逅，还是长久的纠缠，无论相识恨晚的无奈，还是终成眷属的有情，无论倾注了巨大激情的冲突，还是伴随着细小争吵的和谐，这一切都是爱情。每个活生生的人的爱情经历不是一座静止的纪念碑，而是一道流动的江河。当我们回顾往事时，我们自己不必否认、更不该要求对方否认其中任何一段流程、一条支流或一朵浪花。

我不相信人一生只能爱一次，我也不相信人一生必须爱许多次。次数不说明问题。爱情的容量即一个人的心灵的容量。你是深谷，一次爱情就像一道江河，许多次爱情就像许多浪花。你是浅滩，一次爱情只是一条细流，许多次爱情也只是许多泡沫。

一个人的爱情经历并不限于与某一个或某几个特定异性之间的恩恩怨怨，而且也是对于整个异性世界的总体感受。

爱情不是人生中一个凝固的点，而是一条流动的河。这条河中也许有壮观的激流，但也必然会有平缓的流程，也许有明显的主航道，但也可能会有支流和暗流。除此之外，天上的云彩和两岸的景物会在河面上映出倒影，晚来的风雨会在河面上吹起涟漪，打起浪花。让我们承认，所有这一切都是这条河的组成部分，共同造就了我们生命中的美丽的爱情风景。

爱情不论短暂或长久，都是美好的。甚至陌生异性之间毫无结果的好感，定睛的一瞥，朦胧的激动，莫名的惆怅，也是美好的。因为，能够感受这一切的那颗心毕竟是年轻的。生活中若没有邂逅以及对邂逅的期待，未免太乏味了。人生魅力的前提之一是，新的爱情的可能性始终向你敞开着，哪怕你并不去实现它们。如果爱情的天空注定不再有新的云朵飘过，异性世界对你不再有任何新的诱惑，人生岂不太乏味了？

不要以成败论人生，也不要以成败论爱情。

现实中的爱情多半是失败的，不是败于难成眷属的无奈，就是败于终成眷属的厌倦。然而，无奈留下了永久的怀恋，厌倦激起了常新的追求，这又未尝不是爱情本身的成功。

说到底，爱情是超越于成败的。爱情是人生最美丽的梦，你能说你做了一个成功的梦或失败的梦吗？

心灵相通，在实际生活中又保持距离，最能使彼此的吸引力耐久。

好的爱情有韧性，拉得开，但又扯不断。

相爱者互不束缚对方，是他们对爱情有信心的表现。谁也不限制谁，到头来仍然是谁也离不开谁，这才是真爱。

婚姻的质量

无论如何,你对一个女人的爱倘若不是半途而废,就应该让她做妻子和母亲。只有这样,你才亲手把她变成了一个完整的女人,你们的爱情也才有了一个完整的过程。至于这个过程是否叫作婚姻,倒是一件次要的事情。

结婚是神圣的命名。是否在教堂里举行婚礼,这并不重要。苍天之下,命名永是神圣的仪式。"妻子"的含义就是"自己的女人","丈夫"的含义就是"自己的男人",对此命名当知敬畏。没有终身相爱的决心,不可妄称夫妻。有此决心,一旦结为夫妻,不可轻易伤害自己的女人和自己的男人,使这神圣的命名蒙羞。

在一次长途旅行中,最好是有一位称心的旅伴,其次好是没有旅伴,最坏是有一个不称心的旅伴。

婚姻同样如此。夫妻恩爱,携手走人生之旅,当然是幸运的。如果做不到,独身前行,虽然孤单,却也清静,不算什么大不幸。最不幸的是两人明明彼此厌烦,偏要朝夕相处,把一个没有爱情的婚姻维持到底。

好的婚姻是人间，坏的婚姻是地狱，别想到婚姻中寻找天堂。

人终究是要生活在人间的，而人间也自有人间的乐趣，为天堂所不具有。

性是肉体生活，遵循快乐原则。爱情是精神生活，遵循理想原则。婚姻是社会生活，遵循现实原则。这是三个完全不同的东西。婚姻的困难在于，如何在同一个异性身上把三者统一起来，不让习以为常麻痹性的诱惑和快乐，不让琐碎现实损害爱的激情和理想。

爱情仅是感情的事，婚姻却是感情、理智、意志三方面通力合作的结果。因此，幸福的婚姻必定比幸福的爱情稀少得多。理想的夫妇关系是情人、朋友、伴侣三者合一的关系，兼有情人的热烈、朋友的宽容和伴侣的体贴。三者缺一，便有点美中不足。然而，既然世上许多婚姻竟是三者全无，你若能拥有三者之一也就应当知足了。

可以用两个标准来衡量婚姻的质量，一是它的爱情基础，二是它的稳固程度。这两个因素之间未必有因果关系，所谓"佳偶难久"，热烈的爱情自有其脆弱的方面，而婚姻的稳固往往更多地取决于一些实际因素。两者俱佳，当然是美满姻缘。然而，如果其中之一甚强而另一稍弱，也就算得上是合格的婚姻了。

在婚姻中，双方感情的满足程度取决于感情较弱的那一方的感情。如果甲对乙有十分爱，乙对甲只有五分爱，则他们都只能得到五分的满足。剩下的那五分欠缺，在甲会成为一种遗憾，在乙会成为一种苦恼。

婚姻中不存在一方单独幸福的可能。必须共赢，否则就共输，是婚姻游戏的铁的法则。

在婚姻这部人间乐曲中，小争吵乃是必有的音符，倘若没有，我们就要赞叹它是天上的仙曲了，或者就要怀疑它是否已经临近曲终人散了。

"我们两人都变傻了。"
"这是我们婚姻美满的可靠标志。"

伴侣之情

在两性之间，发生肉体关系是容易的，发生爱情便很难，而最难的便是使一个好婚姻经受住岁月的考验。

喜新厌旧乃人之常情，但人情还有更深邃的一面，便是恋故怀旧。一个人不可能永远年轻，终有一天会发现，人生最值得珍惜的乃是那种历尽沧桑始终不渝的伴侣之情。在持久和谐的婚姻生活中，两个人的生命已经你中有我，我中有你，血肉相连一般地生长在一起了。共同拥有的无数细小珍贵的回忆犹如一份无价之宝，一份仅仅属于他们两人无法转让他人也无法传之子孙的奇特财产。说到底，你和谁共有这一份财产，你也就和谁共有了今生今世的命运。与之相比，最浪漫的风流韵事也只成了过眼烟云。

人的心是世上最矛盾的东西，它有时很野，想到处飞，但它最平凡最深邃的需要却是一个憩息地，那就是另一颗心。倘若你终于找到了这另一颗心，当知珍惜，切勿伤害它。历尽人间沧桑，阅遍各色理论，我发现自己到头来信奉的仍是古典的爱情范式：真正的爱情必是忠贞专一的。惦着一个人并且被这个人惦着，心便有了着落，这样活着多么踏实。

与这种相依为命的伴侣之情相比，一切风流韵事都显得何其飘渺。

　　大千世界里，许多浪漫之情产生了，又消失了。可是，其中有一些幸运地活了下来，成熟了，变成了无比踏实的亲情。好的婚姻使爱情走向成熟，而成熟的爱情是更有分量的。当我们把一个异性唤作恋人时，是我们的激情在呼唤。当我们把一个异性唤作亲人时，却是我们的全部人生经历在呼唤。

　　一个人活在世界上，一定要有相爱的伴侣、和睦的家庭、知心的朋友，一定要和自己的家人一起吃晚饭，餐桌上一定要有欢声笑语，这比有钱、有车、有房重要得多。钱再多，车再名贵，房再豪华，没有这些，就只是一个悲惨的孤魂野鬼。相反，穷一点儿，但有这些，就是在过一个活人的正常生活。

　　每当看见老年夫妻互相搀扶着，沿着街道缓缓地走来，我就禁不住感动。他们的能力已经很微弱，不足以给别人以帮助。他们的魅力也已经很微弱，不足以吸引别人帮助他们。于是，他们就用衰老的手臂互相搀扶着，彼此提供一点儿尽管太少但极其需要的帮助。

　　年轻人结伴走向生活，最多是志同道合。老年人结伴走向死亡，才真正是相依为命。

迎来小生命

凡真正美好的人生体验都是特殊的，若非亲身经历就不可能凭理解力或想象力加以猜度。为人父母便是其中之一。

迎来一个新生命，成为人父人母，是人生中的一段无比美妙的时光。

最初的日子里，我守着摇篮，端详着沉睡中的婴儿的圣洁的小脸蛋，心中充满神秘之感。这个不久前还无迹可寻的小生命，现在突然出现在了我的屋宇里，她究竟来自何方？单凭自己的力量，我决不可能成为一个父亲，我必定是蒙受了一个侥幸得近乎非分的恩宠。婴儿是真正的天使——天国的使者，她的甜蜜祥和的睡眠，她在睡梦中闪现的谜样的微笑，她的小身体喷发的花朵般的浓郁清香，都透露了她所自来的那个神秘国度的信息。

养育小生命或许是世上最妙不可言的一种体验了。小的就是好的，小生命的一颦一笑都那么可爱，交流和成长的每一个新征兆都叫人那样惊喜不已。这种体验是不能从任何别的地方获得，也不能用任何别的体验来代替的。一个人无论见过多大世面，从事多大事业，在初当父母的日子里，都不能不感到自己面前突然打开了一个全新的世界。小生命丰富了大心胸。生命是一个奇迹，可是，倘若不是养育过小生命，对此怎能有真切的领悟呢？

养育小生命是人生中的一段神圣时光。报酬就在眼前。至于日后孩子能否成材，是否孝顺，实在无须考虑。那些"望子成龙""养儿防老"的父母亵渎了神圣。

在亲自迎来一个新生命的时候，人离天国最近。

在抚养幼崽的日子里，我们仿佛变回了成年兽，我们确实变回了成年兽。我觉得，做一头成年兽，这个滋味好极了。作为社会生物，我们平时太多地过着复杂而抽象的生活，现在生活重归于简单和具体了。

婴儿小身体散发的味儿妙不可言，宛如一朵肉身的蓓蕾，那味儿完全是肉体性质的，却纯净如花香。这是原汁原味的生命，是创世第六日工场里的气息。她的芬芳渗透进了她用过的一切，她的小衣服、小被褥，即使洗净了，叠放在那里，仍有这芬芳飘出。一间有婴儿的屋子是上帝的花房，无处不弥漫着新生命的浓郁的清香。

一个小生命的到来，是启示我们回到生命本身的良机。这时候，生命以纯粹的形态呈现，尚无社会的堆积物，那样招我们喜爱，同时也引我们反省。这时候，深藏在我们生命中的种族本能觉醒了，我们突然发现，生命本身是巨大的喜悦，也是伟大的事业。

对于现代人来说，适时回到某种单纯的动物状态，这既是珍贵的幸福，也是有效的净化。现代人的典型状态是，一方面，上不接天，没有信仰，离神很远；另一方面，下不接地，本能衰退，离自然也很远，仿佛悬在半空中，在争夺世俗利益中度过复杂而虚假的一生。那么，从上下两方面看，小生命的到来都是一种拯救，引领我们回归简单和真实。

我以前认为，人一旦做了父母就意味着老了，不再是孩子了。现在我才知道，人唯有自己做了父母，才能最大限度地回到孩子的世界。

为人父母提供了一个机会，使我们有可能更新对于世界的感觉。用你的孩子的目光看世界，你会发现一个全新的世界。

孩子是使家成其为家的根据。没有孩子，家至多是一场有点儿过分认真的爱情游戏。有了孩子，家才有了自身的实质和事业。

男人是天地间的流浪汉，他寻找家园，找到了女人。可是，对于家园，女人有更正确的理解。她知道，接纳了一个流浪汉，还远远不等于建立了一个家园。于是她着手编筑一只摇篮——摇篮才是家园的起点和核心。在摇篮四周，和摇篮里的婴儿一起，真正的家园生长起来了。

在这个世界上，唯有孩子和女人最能使我真实，使我眷恋人生。

亲子之爱

性是大自然最奇妙的发明之一，在没有做父母的时候，我们并不知道大自然的深意，以为它只是男女之欢。其实，快乐本能是浅层次，背后潜藏着深层次的种族本能。有了孩子，这个本能以巨大的威力突然苏醒了，一下子把我们变成了忘我舐犊的傻爸傻妈。

在一切人间之爱中，父爱和母爱也许是最特别的一种，它极其本能，却又近乎神圣。爱比克泰德说得好："孩子一旦生出来，要想不爱他已经为时过晚。"正是在这种似乎被迫的主动之中，我们如同得到神启一样领悟了爱的奉献和牺牲之本质。

然而，随着孩子长大，本能便向经验转化，神圣也便向世俗转化。于是，教育、代沟、遗产等各种社会性质的问题产生了。

我们从小就开始学习爱，可是我们最擅长的始终是被爱。直到我们自己做了父母，我们才真正学会了爱。

在做父母之前，我们不是首先做过情人吗？

不错，但我敢说，一切深笃的爱情必定包含着父爱和母爱的成分。一个男人深爱一个女人，一个女人深爱一个男人，潜在的父性和母性就会发挥作用，不由自主地要把情人当作孩子一样疼爱和保护。

然而，情人之爱毕竟不是父爱和母爱。所以，一切情人又都太在乎被爱。

当我们做了父母，回首往事，我们便会觉得，以往爱情中最动人的东西仿佛是父爱和母爱的一种预演。与正剧相比，预演未免相形见绌。不过，成熟的男女一定会让彼此都分享到这新的收获。谁真正学会了爱，谁就不会只限于爱子女。

过去常听说，做父母的如何为子女受苦、奉献、牺牲，似乎恩重如山。自己做了父母，才知道这受苦同时就是享乐，这奉献同时就是收获，这牺牲同时就是满足。所以，如果要说恩，那也是相互的。而且，愈有爱心的父母，愈会感到所得远远大于所予。

其实，任何做父母的，当他们陶醉于孩子的可爱时，都不会以恩主自居。一旦以恩主自居，就必定是已经忘记了孩子曾经给予他们的巨大快乐，也就是说，忘恩负义了。人们总谴责忘恩负义的子女，殊不知天下还有忘恩负义的父母呢。

有人说性关系是人类最自然的关系，怕未必。须知性关系是两个成年人之间的关系，因而不可能不把他们的社会性带入这种关系中。相反，当一个成年人面对自己的幼崽时，他便不能不回归自然状态，因为一切社会性的附属物在这个幼小的对象身上都成了不起作用的东西，只好搁置起来。随着孩子长大，亲子之间社会关系的比重就愈来愈增加了。

亲子之爱的优势在于：它是生物性的，却滤尽了肉欲；它是无私的，却与伦理无关；它非常实在，却不沾一丝功利的计算。

人们常说，孩子是婚姻的纽带。这句话是对的，但不应作消极的理解，似乎为了孩子只好维持婚姻。孩子对于婚姻的意义是非常积极的，是在实质上加固了婚姻的爱情基础。

有些年轻人选择做丁克族的理由是，孩子是第三者，会破坏二人世界的亲密。表面看似乎如此，各人都为孩子付出了爱，给对方的爱好像就减少了。但是，爱所遵循的法则不是加减法，而是乘法。各人给孩子的爱不是从给对方的爱中扣除出来的，而是孩子激发出来的。爱的新源泉打开了，爱的总量增加了，爱的品质提高了，而这一点必定会在夫妇之爱中体现出来。把对方给孩子的爱视为自己的亏损，这是我最无法理解的一种奇怪心理。事实上，双方都特别爱孩子，夫妻感情一定是加深了而不是减弱了。

对孩子的爱是一个检验，一个人连孩子也不爱，正暴露了在爱的能力上的缺陷，不能想象这样的人会真正去爱一个人，哪怕这个人是他此刻迷恋得要死要活的超级尤物。

父母怎样爱孩子

对聪明的大人说的话：倘若你珍惜你的童年，你一定也要尊重你的孩子的童年。当孩子无忧无虑地玩耍时，不要用你眼中的正经事去打扰他。当孩子编织美丽的梦想时，不要用你眼中的现实去纠正他。如果你执意把孩子引上成人的轨道，当你这样做的时候，你正是在粗暴地夺走他的童年。

有一些人执意要把孩子引上成人的轨道，在他们眼中，孩子什么都不懂，什么都不会，一切都要大人教，而大人在孩子身上则学不到任何东西。恕我直言，在我眼中，他们是世界上最愚蠢的大人。

做父母做得怎样，最能表明一个人的人格、素质和教养。

被自己的孩子视为亲密的朋友，这是为人父母者所能获得的最大的成功。不过，为人父母者所能遭到的最大的失败却并非被自己的孩子视为对手和敌人，而是被视为上司或者奴仆。

做家长的最高境界是成为孩子的知心朋友。在这一点上，中国的家长相当可怜，一面是孩子的主子、上司，另一面是孩子的奴仆、下属，始终找不到和孩子平等相处的位置。

做孩子的朋友不易,让孩子也肯把自己当朋友更难。多少孩子有了心事,首先要瞒的人是父母,有了知心话,最不想说的人也是父母。

从一个人教育孩子的方式,最能看出这个人自己的人生态度。那种逼迫孩子参加各种竞争的家长,自己在生活中往往也急功近利。相反,一个淡泊于名利的人,必定也愿意孩子顺应天性愉快地成长。

我由此获得了一个依据,去分析貌似违背这个规律的现象。譬如说,我基本可以断定,一个自己无为却逼迫孩子大有作为的人,他的无为其实是无能和不得志;一个自己拼命奋斗却让孩子自由生长的人,他的拼命多少是出于无奈。这两种人都想在孩子身上实现自己的未遂愿望,但愿望的性质恰好相反。

做人和教人在根本上是一致的。我在人生中最看重的东西,也就是我在教育上最想让孩子得到的东西。进一个名牌学校,谋一个赚钱职业,这种东西怎么有资格成为人生的目标,所以也不能成为教育的目标。我的期望比这高得多,就是愿孩子成为一个善良、丰富、高贵的人。

我肯定不是什么教子专家,只不过是一个爱孩子的父亲而已。既然爱,就要做到两点,一是让孩子现在快乐,二是让孩子未来幸福。在今天，做到这两点的关键是抵御现行教育体制的弊端，给孩子提供一个得以尽可能健康生长的小环境。

做父母的很少有不爱孩子的，但是，怎样才是真爱孩子，却大可商榷。现在的普遍方式是，物质上无微不至，功课上步步紧逼，精神上麻木不仁。在我看来，这样做不但不是爱孩子，而且是在害孩子。

真爱孩子的人，一定会努力让孩子有一个幸福的童年，以此为孩子一生的幸福奠定基础。具体怎么做，我说一说我的经验供参考。要点有三。其一，舍得花时间和孩子游戏、闲谈、共度欢乐时光，让孩子经常享受到活生生的亲情。其二，尽力抵制应试教育体制的危害，保护孩子天性和智力的健康生长。其三，注意培育孩子的人生智慧和独立精神，不是给孩子准备好一个现成的未来，而是使孩子将来既能自己去争取幸福，又能承受人生必有的苦难。

对于孩子的未来，我从不做具体的规划，只做抽象的定向，就是要让他成为一个身心健康、心智优秀的人。给孩子规定或者哪怕只是暗示将来具体的职业路径，是一种僭越和误导。我只关心一件事，就是让孩子有一个幸福的童年，能够快乐、健康、自由地生长。只要做到了这一点，他将来做什么，到时候他自己会做出最好的决定，比我们现在能做的好一百倍。

做父母的当然要对孩子的将来负责,但只能负起作为凡人的责任,其中最重要的,就是悉心培养正确的人生观和乐观坚毅的性格,使他具备依靠自己争取幸福和承受苦难的能力,不管将来的命运如何,都能以适当的态度面对。至于孩子将来的命运究竟如何,可能遭遇什么,做父母的既然无法把握,就只好不去管它,因为那是上帝的权能。

一个孩子如果他现在的状态对头,就没有必要为他的将来瞎操心了。如果不对头,操心也没用。而且,往往正是由于为他的将来操心得太多、太细、太具体,他现在的状态就不对头了。

和孩子相处,最重要的原则是尊重孩子。从根本上说,这就是要把孩子看作一个灵魂,亦即一个有自己独立人格的个体。而且,在孩子很幼小时就应该这样,我们无法划出一个界限,说一个人的人格是从几岁开始形成的,实际上这个过程伴随着心智的觉醒早就开始了,在一二岁时已露端倪。

爱孩子是一种本能,尊重孩子则是一种教养,而如果没有教养,爱就会失去风格,仅仅停留在动物性的水准上。

任何一个孩子都决不会因为被爱得太多而变坏。相反,得到的爱越多,就一定会变得越好。当然,我说的"爱"似乎需要做界定,比如要有长远的眼光和正确的方法之类。但是,不管怎么界定,基本的内涵不容怀疑,就是一种倾注全部感情的关心、爱护、鼓励、欣赏、理解和尊重。

只要是这样，就怎么爱也不过分，怎么爱也不会把孩子宠坏。

如果说，生命早期的精彩纷呈对于做父母的是宝贵财富，那么，对于孩子自己就更是如此了。但是，孩子身在其中，浑然无知，尚不懂得欣赏和收藏它们，而到了懂得的年纪，它们早已散失在时光中了。为孩子保住这一份财富，这只能是父母的责任。孩子长大后，把一份他的孩提时代的完整记录交到他的手上，他会多么欣喜啊。这是真正的无价之宝，天下父母能够给孩子的礼物，不可能有比这更贵重的了。

我对孩子的期望——

第一个愿望：平安。如果想到包围着她的环境中充满不测，这个愿望几乎算得上奢侈了。

第二个愿望：身心健康地成长。

至于她将来做什么，有无成就，我不想操心也不必操心，一切顺其自然。

亲疏随缘

曾有人问我如何处理人际关系,我的回答是:尊重他人,亲疏随缘。这个回答基本上概括了我对待友谊的态度。

人在世上是不能没有朋友的。不论天才,还是普通人,没有朋友都会感到孤单和不幸。事实上,绝大多数人也都会有自己的或大或小的朋友圈子。如果一个人活了一辈子连一个朋友也没有,那么,他很可能怪僻得离谱,使得人人只好敬而远之,或者坏得离谱,以至于人人侧目。

不过,一个人又不可能有许多朋友。所谓朋友遍天下,不是一种诗意的夸张,便是一种浅薄的自负。热衷于社交的人往往自诩朋友众多,其实他们心里明白,社交场上的主宰绝不是友谊,而是时尚、利益或无聊。真正的友谊是不喧嚣的。根据我的经验,真正的好朋友也不像社交健儿那样频繁相聚。在一切人际关系中,互相尊重是第一美德,而必要的距离又是任何一种尊重的前提。使一种交往具有价值的不是交往本身,而是交往者各自的价值。在交往中,每人所能给予对方的东西,绝不可能超出他自己所拥有的。他在对方身上能够看到些什么,大致也取决于他自己拥有些什么。高质量的友谊总是发生在两个优秀的独立人格之间,它的实质是双方互相由衷的欣赏和尊敬。因此,重要的是使自己真正有价值,配得上做一个高质量的朋友,这是一个人能够为友谊所做的首要贡献。

我相信，一切好的友谊都是自然而然形成的，不是刻意求得的。我们身上都有一种直觉，当我们初次与人相识时，只要一开始谈话，就很快能够感觉到彼此是否相投。当两个人的心性非常接近时，或者非常远离时，我们的本能下判断最快，立刻会感到默契或抵牾。对于那些中间状态，我们也许要稍费斟酌，斟酌的快慢是和它们偏向某一端的程度成比例的。这就说明，两个人能否成为朋友，基本上是一件在他们开始交往之前就决定了的事情。也就是说，人与人之间关系的亲疏，并不是由愿望决定的，而是由有关的人各自的心性及其契合程度决定的。愿望也应该出自心性的认同，超出于此，我们就有理由怀疑那是别有用心，多半有利益方面的动机。利益之交也无可厚非，但双方应该心里明白，最好还摆到桌面上讲明白，千万不要顶着友谊的名义。凡是顶着友谊名义的利益之交，最后没有不破裂的，到头来还互相指责对方不够朋友，为友谊的脆弱大表义愤。其实，关友谊什么事呢，所谓友谊一开始就是假的，不过是利益的面具和工具罢了。今天的人们给了它一个恰当的名称，叫感情投资，这就比较诚实了，我希望人们更诚实一步，在投资时把自己的利润指标也通知被投资方。

当然，不能排除一种情况：开始时友谊是真的，只是到了后来，面对利益的引诱，一方对另一方做了不义的事，导致友谊破裂。在今日的商业社会中，这种情况也是司空见惯的。我不想去分析那行不义的一方的人品究竟是本来如此，现在暴露了，还是现在才变坏的，因为这种分析过于复杂。我想说的是，面对这种情况，我们应取的态度也是亲疏随缘，不要企图去挽救什么，更不要陷在已经不存在的昔日友谊中，感到愤愤不平，好像受了天大的委屈。应该知道，一个人的人品是天性和环境的产物，这两者都不是你能够左右的，你只能把它们的产物作为既定事实接受下来。跳出个人的恩怨，做一个认识者，借自己的遭遇认识人生和社会，你就会获得平静的心情。

第九辑

做人的最高幸福

做人和做事

做事有两种境界。一是功利的境界，事情及相关的利益是唯一的目的，于是做事时必定会充满焦虑和算计。另一是道德的境界，无论做什么事，都把精神上的收获看得更重要，做事只是灵魂修炼和完善的手段，真正的目的是做人。正因为如此，做事时反而有了一种从容的心态和博大的气象。

从长远看，做事的结果终将随风飘散，做人的收获却能历久弥新。如果有上帝，他看到的只是你如何做人，不会问你做成了什么事，在他眼中，你在人世间做成的任何事都太渺小了。

做事即做人。人生在世，无论做什么事，都注重做事的精神意义，通过做事来提升自己的精神世界，始终走在自己的精神旅程上，只要这样，无论做什么事都是有意义的，而所做之事的成败则变得不很重要了。

我们活在世上，不免要承担各种责任，小至对家庭、亲戚、朋友，对自己的职务，大至对国家和社会。这些责任多半是应该承担的。不过，我们不要忘记，除此之外，我们还有一项根本的责任，便是对自己的人生负责。

每个人在世上都只有活一次的机会，没有任何人能够代替他重新活一次。如果这唯一的一次人生虚度了，也没有任何人能够真正安慰他。认识到这一点，我们对自己的人生怎么能不产生强烈的责任心呢？在某种意义上，人世间各种其他的责任都是可以分担或转让的，唯有对自己的人生的责任，每个人都只能完全由自己来承担，一丝一毫依靠不了别人。

对自己人生的责任心是其余一切责任心的根源。一个人唯有对自己的人生负责，建立了真正属于自己的人生目标和生活信念，他才可能由之出发，自觉地选择和承担起对他人和社会的责任。我不能想象，一个在人生中随波逐流的人怎么会坚定地负起生活中的责任。实际情况往往是，这样的人把尽责不是看作从外面加给他的负担而勉强承受，便是看作纯粹的付出而索求回报。

我相信，如果一个人能对自己的人生负责，那么，在包括婚姻和家庭在内的一切社会关系上，他对自己的行为都会有一种负责的态度。如果一个社会是由这样对自己的人生负责的成员组成的，这个社会就必定是高质量的有效率的社会。

人活世上，第一重要的还是做人，懂得自爱自尊，使自己有一颗坦荡又充实的灵魂，足以承受得住命运的打击，也配得上命运的赐予。倘能这样，也就算得上做命运的主人了。

第一重要的是做人

人活世上，除吃睡之外，不外乎做事情和与人交往，它们构成了生活的主要内容。做事情，包括为谋生需要而做的，即所谓职业，也包括出于兴趣、爱好、志向、野心、使命感等等而做的，即所谓事业。与人交往，包括同事、邻里、朋友关系以及一般所谓的公共关系，也包括由性和血缘所联结的爱情、婚姻、家庭等关系。这两者都是人的看得见的行为，并且都有一个是否成功的问题，而其成功与否也都是看得见的。如果你在这两方面都顺利，譬如说，一方面事业兴旺，功成名就，另一方面婚姻美满，朋友众多，就可以说你在社会上是成功的，甚至可以说你的生活是幸福的。在别人眼里，你便是一个令人羡慕的幸运儿。如果相反，你在自己和别人心目中就都会是一个倒霉蛋。这么说来，做事和交人的成功似乎应该是衡量生活质量的主要标准了。

然而，在看得见的行为之外，还有一种看不见的东西，依我之见，那是比做事和交人更重要的，是人生第一重要的东西，这就是做人。当然，实际上做人并不是做事和交人之外的一个独立的行为，而是蕴涵在两者之中的，是透过做事和交人体现出来的一种总体的生活态度。

就做人与做事的关系来说，做人主要并不表现于做的什么事和做了多少事，例如是做学问还是做生意，学问或者生意做得多大，而是表现在做事的方式和态度上。一个人无论做学问还是做生意，无论做得大还是做得小，他做人都可能做得很好，也都可能做得很坏，关键就看他是怎么做事的。学界有些人很鄙薄别人下海经商，而因为自己仍在做学问就摆出一副大义凛然的气势。其实呢，无论商人还是学者中都有君子，也都有小人，实在不可一概而论。有些所谓的学者，在学术上没有自己真正的追求和建树，一味赶时髦，抢风头，唯利是图，骨子里比一般商人更是一个市侩。

从一个人如何与人交往，尤能见出他的做人。这倒不在于人缘好不好，朋友多不多，各种人际关系是否和睦。人缘好可能是因为性格随和，也可能是因为做人圆滑，本身不能说明问题。在与人交往上，孔子最强调一个"信"字，我认为是对的。待人是否诚实无欺，最能反映一个人的人品是否光明磊落。一个人哪怕朋友遍天下，只要他对其中一个朋友有背信弃义的行径，我们就有充分的理由怀疑他是否真爱朋友，因为一旦他认为必要，他同样会背叛其他的朋友。"与朋友交而不信"，只能得逞一时之私欲，却是做人的大失败。

做事和交人是否顺利，包括地位、财产、名声方面的遭际，也包括爱情、婚姻、家庭方面的遭际，往往受制于外在的因素，非自己所能支配，所以不应该成为人生的主要目标。一个人当然不应该把非自己所能支配的东西当作人生的主要目标。一个人真正能支配的唯有对这一切外在遭际的态度，简言之，就是如何做人。人生在世最重要的事情不是幸福或不幸，而是不论幸福还是不幸都保持做人的正直和尊严。我确实认为，做人比事业和爱情都更重要。不管你在名利场和情场上多么春风得意，如果你做人失败了，你的人生就在总体上失败了。最重要的不是在世人心目中占据什么位置，和谁一起过日子，而是你自己究竟是一个什么样的人。

人品和智慧

我相信苏格拉底的一句话："美德即智慧。"一个人如果经常想一想世界和人生的大问题，对于俗世的利益就一定会比较超脱，不太可能去做那些伤天害理的事情。说到底，道德败坏是一种蒙昧。当然，这与文化水平不是一回事，有些识字多的人也很蒙昧。

假、恶、丑从何而来？人为何会虚伪、凶恶、丑陋？我只找到一个答案：因为贪欲。人为何会有贪欲？佛教对此有一个很正确的解答：因为"无明"。通俗地说，就是没有智慧，对人生缺乏透彻的认识。所以，真正决定道德素养的是人生智慧，而非意识形态。

意识形态和人生智慧是两回事，前者属于头脑，后者属于心灵。人与人之间能否默契，并不取决于意识形态的认同，而是取决于人生智慧的相通。

一个人的道德素质也是更多地取决于人生智慧而非意识形态。所以，在不同的意识形态集团中，都有君子和小人。

社会愈文明，意识形态愈淡化，人生智慧的作用就愈突出，人与人之间的关系也就愈真实、自然。

在一个人人逐利的社会上，人际关系必然复杂。如果大家都能想明白人生的道理，多多地关注自己生命和灵魂的需要，约束物质的贪欲，人际关系一定会单纯得多，这个世界也会美好得多。

由此可见，一个人有正确的人生观，本身就是对社会的改善做了贡献。你也许做不了更多，但这是你至少可以做的。你也许能做得更多，但这是你至少必须做的。

知识是工具，无所谓善恶。知识可以为善，也可以为恶。美德与知识的关系不大。美德的真正源泉是智慧，即一种开阔的人生觉悟。德行如果不是从智慧流出，而是单凭修养造就，便至少是盲目的，很可能还是功利的和伪善的。

在评价人时，才能与人品是最常用的两个标准。两者当然是可以分开的，但是在最深的层次上，它们是否相通的？譬如说，可不可以说，大才也是德，大德也是才，天才和圣徒是同一种神性的显现？又譬如说，无才之德是否必定伪善，因而亦即无德，无德之才是否必定浅薄，因而亦即非才？当然，这种说法已经蕴涵了对才与德的重新解释，我倾向于把两者看作慧的不同表现形式。

人品和才分不可截然分开。人品不仅有好坏优劣之分，而且有高低宽窄之分，后者与才分有关。才分大致规定了一个人为善为恶的风格和容量。有德无才者，其善多为小善，谓之平庸。无德无才者，其恶多为小恶，谓之猥琐。有才有德者，其善多为大善，谓之高尚。有才无德者，其恶多为大恶，谓之邪恶。

人品不但有好坏之别，也有宽窄深浅之别。好坏是质，宽窄深浅未必只是量。古人称卑劣者为"小人""斗筲之徒"是很有道理的，多少恶行都是出于浅薄的天性和狭小的器量。

大智者必谦和，大善者必宽容。唯有小智者才咄咄逼人，小善者才斤斤计较。

我听到一场辩论：挑选一个人才，人品和才智哪一个更重要？双方各执一端，而有一个论据是相同的。一方说，人品重要，因为才智是可以培养的，人品却难改变。另一方说，才智重要，因为人品是可以培养的，才智却难改变。

其实，人品和才智都是可以改变的，但要有大的改变都很难。

人是会由蠢而坏的。傻瓜被惹怒，跳得比聪明人更高。有智力缺陷者常常是一种犯罪人格。

人生与道德、做人与处世、精神追求与社会关切之间有着内在的联系。如果要在两者之间寻找一个结合点，伦理学无疑最具备此种资格。伦理学的内容应该拓宽，把人生哲学的基本原理也包括进去，不能只局限于道德学说。

善良是第一品德

同情，即人与人以生命相待，乃是道德的基础。没有同情，人就不是人，社会就不是人待的地方。人是怎么沦为兽的？就是从同情心的麻木和死灭开始的，由此下去可以干一切坏事。

所以，善良是最基本的道德品质，是区分好人和坏人的最初的也是最后的界限。

西哲认为，利己是人的本能，对之不应作道德的判断，只可因势利导。同时，人还有另一种本能，即同情。同情是以利己的本能为基础的，由之出发，推己及人，设身处地替别人想，就是同情了。

利己和同情两者都不可缺。没有利己，对自己的生命麻木，便如同石头，对别人的生命必冷漠。只知利己，不能推己及人，没有同情，便如同禽兽，对别人的生命必冷酷。

利己是生命的第一本能，同情是生命的第二本能，后者由前者派生。所谓同情，就是推己及人，知道别人也是一个有利己之本能的生命，因而不可损人。法治社会的秩序即建立在利己与同情的兼顾之上，其实质通俗地说就是保护利己、惩罚损人，亦即规则下的自由。在一个社会中，如果利己的行为都得到保护，损人的行为都受到惩罚，这样的社会就一定是一个既有活力又有秩序的社会。

不分国家和民族，人皆是生命，人性中皆有爱生命的本能以及推己及人对他人生命的同情，区别在于能否使这个基本人性在社会制度中体现出来并得到保护和发扬。西方的历史表明，现代文明社会的整座大厦就是建立在这个基本人性的基础上的。正如亚当·斯密所指出的，同情是社会一切道德的基础，在此基础上形成了正义和仁慈这两种基本的道德。同样，尊重个体生命是法治社会的出发点，法治的目的就是要建立一种最大限度保护每个人的生命权利的秩序。

在一个普遍对生命冷漠的环境中，人是不可能有安全感的，无人能保证似乎偶然的灾祸不会落到自己头上。

人如果没有同情心，就远不如禽兽，比禽兽坏无数倍。猛兽的残暴仅限于本能，绝不会超出生存所需要的程度。人残酷起来却没有边，完全和生存无关，为了龌龊的利益，为了畸形的欲望，为了变态的心理，什么坏事都干得出来。只有在人类之中，才会产生千奇百怪的酷刑，产生法西斯和恐怖主义。

人心有两种成分，一是利己心，二是同情心，二者都是人的本性。

人在年轻时欲望强，容易把自己的利益和成功看得最重要，名利欲望的满足往往是快乐的主要源泉。随着年龄增长，同情心应该逐渐占据上风，更多地从惠及他人的善行中汲取快乐了。

震灾中生命所遭受的毁灭和创伤，在我们身上唤醒的最可贵的东西是什么？首先是真实的人性，是人性中的善良，是对一个个活生生的个体生命的同情和尊重。这岂不是人之为人的最基本的品质吗？岂不是人与人得以结合成人类、社会、民族、国家的最基本的因素吗？与爱国主义相比，在人性层次上，它是更深刻的东西，在文明层次上，它又是更高级的东西。就说爱国主义吧，一个人如果不是一个善良的人，他会是一个好中国人吗？如果一个国家的成员普遍缺乏对生命的同情和尊重，这会是一个好国家吗？它还值得我们爱吗？

善良来自对生命的感动。看一个人是否善良，我有一个识别标准，就是看他是否喜欢孩子。一个对小生命冷漠的人，他在人性上一定是有问题的。相反，如果一个人看见孩子是情不自禁地喜欢的，即使他有别的种种毛病，我仍相信这个人还是有希望的。

善待动物，至少不虐待动物，这不仅是对地球上其他生命的尊重，也是人类自身精神上道德上纯洁化的需要。可以断定，一个虐待动物的民族，一定也不会尊重人的生命。人的生命感一旦麻木，心肠一旦变冷酷，同类岂在话下。

一个对同类真正有同情心的人，把同情心延伸到动物身上，实在是最自然的事情。同样，那些肆意虐待和残害动物的家伙，我们可以断定他们对同类也一定是冷酷的。因此，是否善待动物，所涉及的就不只是动物的命运，其结果也会体现在人身上，对道德发生重大影响。在这个意义上，保护动物就是保护人道，救赎动物就是人类的精神自救。

善良的人有宽容之心，既容人之短，能原谅，又容人之长，不嫉妒。在我看来，容人之优秀是更难的，对于一个开放社会也是更重要的。

与人为善不只表现为物质上的施惠，你对他人的诚恳态度，包括懂得感恩，肯于认错，都证明了你的善良。

做人的尊严

西方人文传统中有一个重要观念，便是人的尊严，其经典表达就是康德所说的"人是目的"。按照这个观念，每个人都是一个有尊严的精神性存在，不可被当作手段使用。对于今天许多国人来说，这个观念何其陌生，往往只把自己用做了谋利的手段，互相之间也只把对方用做了牟利的手段。

在人类的基本价值中，有一项久已被遗忘，它就是高贵。

人生意义取决于灵魂生活的状况。其中，世俗意义即幸福取决于灵魂的丰富，神圣意义即德性取决于灵魂的高贵。

一个自己有人格的尊严的人，必定懂得尊重一切有尊严的人格。

同样，如果你侮辱了一个人，就等于侮辱了一切人，也侮辱了你自己。

高贵者的特点是极其尊重他人，正是在对他人的尊重中，他的自尊得到了最充分的体现。

人要有做人的尊严，要有做人的基本原则，在任何情况下都不可违背，如果违背，就意味着不把自己当人了。今天的一些人就是这样，不知尊严为何物，不把别人当人，任意欺凌和侮辱，而根源正在于他没有把自己当人，事实上你在他身上也已经看不出丝毫人的品性。

世上有一种人，毫无尊严感，毫不讲道理，一旦遇上他们，我就不知道怎么办好了，因为我与人交往的唯一基础是尊严感，与人斗争的唯一武器是讲道理。我不得不相信，在生物谱系图上，我和他们之间隔着无限遥远的距离。

什么是诚信？就是在与人打交道时，仿佛如此说：我要把我的真实想法告诉你，并且一定会对它负责。这就是诚实和守信用。当你这样说时，你是非常自尊的，是把自己当作一个有尊严的人看待的。同时，又仿佛如此说：我要你把你的真实想法告诉我，并相信你一定会对它负责。这就是信任。当你这样说时，你是非常尊重对方的，是把他当作一个有尊严的人看待的。由此可见，诚信是以打交道的双方所共有的人的尊严之意识为基础的。

仗义和信任貌似相近，实则属于完全不同的道德谱系。信任是独立的个人之间的关系，一方面各人有自己的人格、价值观、生活方式、利益追求等，在这些方面彼此尊重，绝不要求一致，另一方面合作做事时都遵守规则。仗义却相反，一方面抹杀个性和个人利益，样样求同，不能容忍差异，另一方面共事时不讲规则。

做人要讲道德，做事要讲效率。讲道德是为了对得起自己的良心，讲效率是为了对得起自己的生命。

骄傲与谦卑未必是反义词。有高贵的骄傲，便是面对他人的权势、财富或任何长处不卑不亢，也有高贵的谦卑，便是不因自己的权势、财富或任何长处傲视他人，它们是相通的。同样，有低贱的骄傲，便是凭借自己的权势、财富或任何长处趾高气扬，也有低贱的谦卑，便是面对他人的权势、财富或任何长处奴颜婢膝，它们也是相通的。真正的对立存在于高贵与低贱之间。

健全的人际关系和社会秩序靠的是尊重，而不是爱。道理很简单：你只能爱少数的人，但你必须尊重所有的人。

也许有人会说：不是还有博爱吗？不错，但是，第一，无论作为宗教，还是作为人道，博爱都更是一种信念，在性质上不同于对具体的人的具体的爱；第二，不能要求社会所有成员都接受这个信念。

爱你的仇人——太矫情了吧。尊重你的仇人——这是可以做到的。孔子很懂这个道理，他反对以德报怨，主张以直报怨。

人的高贵在于灵魂

法国思想家帕斯卡尔有一句名言："人是一根能思想的芦苇。"意思是说，人的生命像芦苇一样脆弱，宇宙间任何东西都能置人于死地。可即使如此，人依然比宇宙间任何东西高贵得多，因为人有一颗能思想的灵魂。我们当然不能也不该否认肉身生活的必要，但人的高贵却在于他有灵魂生活。作为肉身的人，人并无高低贵贱之分。唯有作为灵魂的人，由于内心世界的巨大差异，人才分出了高贵和平庸，乃至高贵和卑鄙。

两千多年前，罗马军队攻进了希腊的一座城市，他们发现一个老人正蹲在沙地上专心研究一个图形。他就是古代最著名的物理学家阿基米德。他很快便死在了罗马军人的剑下，当剑朝他劈来时，他只说了一句话："不要踩坏我的圆！"在他看来，他画在地上的那个图形是比他的生命更加宝贵的。更早的时候，征服了欧亚大陆的亚历山大大帝视察希腊的另一座城市，遇到正躺在地上晒太阳的哲学家第欧根尼，便问他："我能替你做些什么？"得到的回答是："不要挡住我的阳光！"在他看来，面对他在阳光下的沉思，亚历山大大帝的赫赫战功显得无足轻重。这两则传为千古美谈的小故事表明了古希腊优秀人物对于灵魂生活的珍爱，他们爱思想胜于爱一切包括自己的生命，把灵魂生活看得比任何外在的事物包括显赫的权势更加高贵。

珍惜内在的精神财富甚于外在的物质财富，这是古往今来一切贤哲的共同特点。英国作家王尔德到美国旅行，入境时，海关官员问他有什么东西要报关，他回答："除了我的才华，什么也没有。"使他引以为豪的是，他没有什么值钱的东西，但他拥有不能用钱来估量的艺术才华。正是这位骄傲的作家在他的一部作品中告诉我们："世间再没有比人的灵魂更宝贵的东西，任何东西都不能跟它相比。"

其实，无需举这些名人的事例，我们不妨稍微留心观察周围的现象。在平庸的背景下，哪怕是一点不起眼的灵魂生活的迹象，也会闪放出一种很动人的光彩。有一回，我乘车旅行。列车飞驰，车厢里闹哄哄的，旅客们在聊天、打牌、吃零食。一个少女躲在车厢的一角，全神贯注地读着一本书。她读得那么专心，还不时地往小本子上记些什么，好像完全没有听见周围嘈杂的人声。望着她仿佛沐浴在一片光辉中的安静的侧影，我心中充满感动，想起了自己的少年时代。那时候我也和她一样，不管置身于多么混乱的环境，只要拿起一本好书，就会忘记一切。如今我自己已经是一个作家，出过好几本书了，可是我却羡慕这个埋头读书的少女，无限缅怀已经渐渐远逝的有着同样纯正追求的我的青春岁月。

人在年轻时多半是富于理想的，随着年龄增长就容易变得越来越实际。由于生存斗争的压力和物质利益的诱惑，大家都把眼光和精力投向外部世界，不再关注自己的内心世界。其结果是灵魂日益萎缩和空虚，只剩下了一个在世界上忙碌不止的躯体。对于一个人来说，没有比这更可悲的事情了。

灵魂的追求

人的高贵在于灵魂。作为肉身的人，人并无高低贵贱之分。唯有作为灵魂的人，由于内心世界的巨大差异，人才分出了高贵和平庸，乃至高贵和卑鄙。

我不相信上帝，但我相信世上必定有神圣。如果没有神圣，就无法解释人的灵魂何以会有如此执拗的精神追求。用感觉、思维、情绪、意志之类的心理现象完全不能概括人的灵魂生活，它们显然属于不同的层次。灵魂是人的精神生活的真正所在地，在这里，每个人最内在深邃的自我直接面对永恒，追问有限生命的不朽意义。

古往今来，以那些最优秀的分子为代表，在人类中始终存在着一种精神性的渴望和追求。人身上发动这种渴望和追求的那个核心显然不是肉体，也不是以求知为鹄的理智，我们只能称之为灵魂。我在此意义上相信灵魂的存在。即使人类精神在宇宙过程中只有极短暂的存在，它也不可能没有来源。因此，关于宇宙精神本质的假设是唯一的选择。这一假设永远不能证实，但也永远不能证伪。正因为如此，信仰总是一种冒险。也许，与那些世界征服者相比，精神探索者们是一些更大的冒险家，因为他们想得到的是比世界更宝贵更持久的东西。

　　人的灵魂渴望向上，就像游子渴望回到故乡一样。灵魂的故乡在非常遥远的地方，只要生命不止，它就永远在思念，在渴望，永远走在回乡的途中。至于这故乡究竟在哪里，却是一个永恒的谜。我们只好用寓言的方式说，那是一个像天国一样完美的地方。

　　智力可以来自祖先的遗传，知识可以来自前人的积累。但是，有一种灵悟，其来源与祖先和前人皆无关，我只能说，它直接来自神，来自世界至深的根和核心。

　　我始终相信，人的灵魂生活比外在的肉身生活和社会生活更为本质，每个人的人生质量首先取决于他的灵魂生活的质量。

　　一个人的灵魂不安于有生有灭的肉身生活的限制，寻求超越的途径，不管他的寻求有无结果，寻求本身已经使他和肉身生活保持了一个距离。这个距离便是他的自由，他的收获。

　　能被失败阻止的追求是一种软弱的追求，它暴露了力量的有限。能被成功阻止的追求是一种浅薄的追求，它证明了目标的有限。

在艰难中创业，在万马齐喑时呐喊，在时代舞台上叱咤风云，这是一种追求。

在淡泊中坚持，在天下沸沸扬扬时沉默，在名利场外自甘于寂寞和清贫，这也是一种追求。

追求未必总是显示进取的姿态。

人类的精神生活体现为精神追求的漫长历史，对于每一个个体来说，这个历史一开始是外在的，他必须去重新占有它。就最深层的精神生活而言，时代的区别并不重要。无论在什么时代，每一个个体都必须并且能够独自面对他自己的上帝，靠自己获得他的精神个性，而这同时也就是他对人类精神历史的占有和参与。

世上有多少个朝圣者，就有多少条朝圣路。每一条朝圣的路都是每一个朝圣者自己走出来的，不必相同，也不可能相同。然而，只要你自己也是一个朝圣者，你就不会觉得这是一个缺陷，反而是一个鼓舞。你会发现，每个人正是靠自己的孤独的追求加入人类的精神传统的，而只要你的确走在自己的朝圣路上，你其实并不孤独。

人类精神始终在追求某种永恒的价值，这种追求已经形成为一种持久的精神事业和传统。当我也以自己的追求加入这一事业和传统时，我渐渐明白，这一事业和传统超越于一切优秀个人的生死而世代延续，它本身就具有一种永恒的价值，甚至是人世间唯一可能和真实的永恒。

　　我们每一个人都是在肩负着人类的形象向上行进，而人类所达到的高度是由那个攀登得最高的人来代表的。正是通过那些伟人的存在，我们才真切地体会到了人类的伟大。

　　当然，能够达到很高的高度的伟人终归是少数，但是，只要我们是在努力攀登，我们就是在为人类的伟大做出贡献，并且实实在在地分有了人类的伟大。

信仰的核心

在这个世界上，有的人信神，有的人不信，由此而区分为有神论者和无神论者，宗教徒和俗人。不过，这个区分并非很重要。还有一个比这重要得多的区分，便是有的人相信神圣，有的人不相信，人由此而分出了高尚和卑鄙。

一个人可以不信神，但不可以不相信神圣。是否相信上帝、佛、真主或别的什么主宰宇宙的神秘力量，往往取决于个人所隶属的民族传统、文化背景和个人的特殊经历，甚至取决于个人的某种神秘体验，这是勉强不得的。一个没有这些宗教信仰的人，仍然可能是一个善良的人。然而，倘若不相信人世间有任何神圣价值，百无禁忌，为所欲为，这样的人就与禽兽无异了。

相信神圣的人有所敬畏。在他心目中，总有一些东西属于做人的根本，是亵渎不得的。他并不是害怕受到惩罚，而是不肯丧失基本的人格。不论他对人生怎样充满着欲求，他始终明白，一旦人格扫地，他在自己面前竟也失去了做人的自信和尊严，那么，一切欲求的满足都不能挽救他的人生的彻底失败。

凡真正的信仰，那核心的东西必是一种内在的觉醒，是灵魂对肉身生活的超越以及对普遍精神价值的追寻和领悟。信仰有不同的形态，也许冠以宗教之名，也许没有，宗教又有不同的流派，但是，都不能少了这个核心的东西，否则就不是真正的信仰。正因为如此，我们可以发现，一切伟大的信仰者，不论宗教上的归属如何，他们的灵魂是相通的，往往具有某些最基本的共同信念，因此而能成为全人类的精神导师。

判断一个人有没有信仰，标准不是看他是否信奉某一宗教或某一主义，唯一的标准是在精神追求上是否有真诚的态度。一个有这样的真诚态度的人，不论他是虔诚的基督徒、佛教徒，还是苏格拉底式的无神论者，或尼采式的虚无主义者，都可视为真正有信仰的人。他们的共同之处是，都相信人生中有超出世俗利益的精神目标，它比生命更重要，是人生中最重要的东西，值得为之活着和献身。他们的差异仅是外在的，他们都是精神上的圣徒，在寻找和守护同一个东西，那使人类高贵、伟大、神圣的东西，他们的寻找和守护便证明了这种东西的存在。

人是由两个途径走向上帝或某种宇宙精神的，一是要给自己的灵魂生活寻找一个根源，另一是要给宇宙的永恒存在寻找一种意义。这两个途径也就是康德所说的心中的道德律和头上的星空。

灵魂的渴求是最原初的信仰现象，一切宗教观念包括上帝观念都是由之派生的，是这个原初现象的词不达意的自我表达。

上帝或某种宇宙精神本质的存在，这在认识论上永远只是一个假设，而不是真理。仅仅因为这个假设对于人类的精神生活发生着真实的作用，我们才在价值论的意义上把它看作真理。

一切外在的信仰只是桥梁和诱饵，其价值就在于把人引向内心，过一种内在的精神生活。神并非居住在宇宙间的某个地方，对于我们来说，它的唯一可能的存在方式是我们在内心中感悟到它。一个人的信仰之真假，分界也在于有没有这种内在的精神生活。伟大的信徒是那些有着伟大的内心世界的人，相反，一个全心全意相信天国或者来世的人，如果他没有内心生活，你就不能说他有真实的信仰。

一切信仰的核心是对于内在生活的无比看重，把它看得比外在生活重要得多。这是一个可靠的标准，既把有信仰者和无信仰者区分了开来，又把具有不同信仰的真信仰者联结在了一起。

信仰的实质在于对精神价值本身的尊重。精神价值本身就是值得尊重的，无须为它找出别的理由来，这个道理对于一个有信仰的人来说是不言自明的。这甚至不是一个道理，而是他内心深处的一种感情，他真正感觉到的人之为人的尊严之所在，人类生存的崇高性之所在。信仰愈是纯粹，愈是尊重精神价值本身，必然就愈能摆脱一切民族的、教别的、宗派的狭隘眼光，呈现出博大的气象。在此意义上，信仰与文明是一致的。信仰问题上的任何狭隘性，其根源都在于利益的侵入，取代和扰乱了真正的精神追求。人类的信仰生活永远不可能统一于某一种宗教，而只能统一于对某些最基本价值的广泛尊重。

简单地说，我认为的信仰，就是相信人是有灵魂的，灵魂生活比肉体生活、世俗生活更重要，并且把这个信念贯彻在生活中，注重灵魂的修炼，坚守做人的道德。

信仰之光

信仰，就是相信人生中有一种东西，它比一己的生命重要得多，甚至是人生中最重要的东西，值得为之活着，必要时也值得为之献身。这种东西必定是高于我们的日常生活的，像日月星辰一样在我们头顶照耀，我们相信它并且仰望它，所以称作信仰。但是，它又不像日月星辰那样可以用眼睛看见，而只是我们心中的一种观念，所以又称作信念。

提起信仰，人们常常会想到宗教，例如基督教、佛教、伊斯兰教等等。在人类历史上，在现实生活中，宗教信仰的确是信仰最常见的一种形态。不过，两者不完全是一回事。事实上，做一个教徒不等于就有了信仰，而有信仰的人也未必信奉某一宗教。

有一回，我到佛教名山普陀山旅游。在山上一座大庙里，和尚们正为一个施主做法事，中间休息，一个小和尚走来与我攀谈。我问他："做法事很累吧？"他随口答道："是呵，挣钱真不容易！"一句话表明了他并不真信佛教，皈依佛门只是谋生的手段。这个小和尚毕竟直率得可爱。如今，天下寺庙，处处香火鼎盛，可是你若能听见那些烧香拜佛的人许的愿，就会知道，他们几乎都是在向佛索求非常具体的利益，没有几人是真有信仰的。

在同一次旅程中，我还遇见另一个小和尚。当时，我正乘船航行。

船舱里异常闷热，乘客们纷纷挤到舱内唯一的自来水管旁洗脸。他手拿毛巾，静静等候在一旁。终于轮到他了，又有一名乘客夺步上前，把他挤开。他面无愠色，退到旁边，礼貌地以手示意："请，请。"我目睹了这一幕，心中肃然起敬，相信眼前这个身披青灰色袈裟的年轻僧人是真正有信仰的人。后来，通过交谈，这一直觉得到了证实，我发现他谈吐不俗，对佛理和人生有很深的领悟。

其实，真正有信仰不在于相信佛、上帝、真主或别的什么神，而在于相信人生应该有崇高的追求，有超出世俗的理想目标。如果说宗教真的有一种价值，那也仅仅在于为这种追求提供了一种容易普及的方式。但是，一普及就容易流于表面的形式，反而削弱甚至丧失了追求的精神内涵。所以，真正看重信仰的人绝不盲目相信某一种流行的宗教或别的什么思想，而是通过独立思考来寻求和确立自己的信仰。两千四百年前，苏格拉底就是被雅典民众以不信神的罪名处死的。他的确不信神，但他有自己的坚定信仰，他的信仰就是：人生的价值在于爱智慧，用理性省察生活尤其是道德生活。在审判时，法庭允许免他一死，前提是他必须放弃信奉和宣传这一信仰，被他拒绝了。他说，未经省察的人生不值得一过，活着不如死去。他为自己的信仰献出了宝贵的生命。

信仰是内心的光，它照亮了一个人的人生之路。没有信仰的人犹如在黑暗中行路，不辨方向，没有目标，随波逐流，活一辈子也只是浑浑噩噩。当然，一个人要真正确立起自己的信仰，这不是一件容易的事，不但需要独立思考，而且需要相当的阅历和比较。在漫长的人生道路上，改变信仰的事情也是经常发生的,不足为怪。在我看来,在信仰的问题上,真正重要的是要有真诚的态度。所谓真诚,第一就是要认真,既不是无所谓,可有可无,也不是随大流,盲目相信;第二就是要诚实,决不自欺欺人。有了这种真诚的态度,即使你没有找到一种明确的思想形态作为你的信仰,你也可以算作一个有信仰的人了。事实上,在一个普遍丧失甚至嘲侮信仰的时代,也许唯有在这些真诚的寻求者和迷惘者中才能找到真正有信仰的人呢。

1996.10

与世界建立精神关系

对于各种不杀生、动物保护、素食主义的理论和实践,过去我都不甚看重,不承认它们具有真正的伦理意义,只承认有生态的意义。在我眼里,凡是把这些东西当作一种道德信念遵奉的人都未免小题大做,不适当地扩大了伦理的范围。我认为伦理仅仅与人类有关,在人类对自然界其他物种的态度上不存在精神性的伦理问题,只存在利益问题,生态保护也无非是要为人类的长远利益考虑罢了。我还认为若把这类理论伦理学化,在实践上是完全行不通的,彻底不杀生只会导致人类灭绝。可是,在了解了史怀泽所创立的"敬畏生命"伦理学的基本内容之后,我的看法有了很大改变。

史怀泽是二十世纪最伟大的人道主义者之一,也是动物保护运动的早期倡导者。他明确地提出:"只有当人认为所有生命,包括人的生命和一切生物的生命都是神圣的时候,他才是伦理的。"他的出发点不是简单的恻隐之心,而是由生命的神圣性所唤起的敬畏之心。何以一切生命都是神圣的呢?对此他并未加以论证,事实上也是无法论证的。他承认敬畏生命的世界观是一种"伦理神秘主义",也就是说,它基于我们的内心体验,而非对世界过程的完整认识。世界的精神本质是神秘的,我们不能认识它,只能怀着敬畏之心爱它、相信它。一切生命都源自它,

"敬畏生命"的命题因此而成立。这是一个基本的信念,也许可以从道教、印度教、基督教中寻求其思想资源,对于史怀泽来说,重要的是通过这个基本的信念,人就可以与世界建立一种精神关系。

与世界建立精神关系——这是一个很好的提法,它简洁地说明了信仰的实质。任何人活在世上,总是和世界建立了某种关系。但是,认真说来,人的物质活动、认知活动和社会活动仅是与周围环境的关系,而非与世界整体的关系。在每一个人身上,随着肉体以及作为肉体之一部分的大脑死亡,这类活动都将彻底终止。唯有人的信仰生活是指向世界整体的。所谓信仰生活,未必要皈依某一种宗教,或信奉某一位神灵。一个人不甘心被世俗生活的浪潮推着走,而总是想为自己的生命确定一个具有恒久价值的目标,他便是一个有信仰生活的人。因为当他这样做时,他实际上对世界整体有所关切,相信它具有一种超越的精神本质,并且努力与这种本质建立联系。史怀泽非常欣赏罗马的斯多葛学派和中国的老子,因为他们都使人通过一种简单的思想而与世界建立了精神关系。的确,作为信仰生活的支点的那一个基本信念无须复杂,相反往往是简单的,但必须是真诚的。人活一世,有没有这样的支点,人生内涵便大不一样。当然,信仰生活也不能使人逃脱肉体的死亡,但它本身具有超越死亡的品格,因为世界整体的精神本质借它而得到了显现。在这个意义上,史怀泽宣称,甚至将来必定会到来的人类毁灭也不能损害它的价值。

我的印象是,史怀泽是在为失去信仰的现代人重新寻找一种精神生活的支点。他的确说：真诚是精神生活的基础，而现代人已经失去了对真诚的信念，应该帮助他们重新走上思想之路。他之所以创立敬畏生命的伦理学，用意盖在于此。可以想象，一个敬畏一切生命的人对于人类的生命是会更珍惜，对于自己的生命是会更负责的。史怀泽本人就是怀着这一信念，几乎毕生圣徒般地在非洲一个小地方行医。相反，那种见死不救、草菅人命的医生，其冷酷的行径恰恰暴露了内心的毫无信仰。我相信人们可由不同的途径与世界建立精神关系，敬畏生命的世界观并非现代人唯一可能的选择。但是，一切简单而伟大的精神都是相通的，在那道路的尽头，它们殊途而同归。说到底，人们只是用不同的名称称呼同一个光源罢了，受此光源照耀的人都走在同一条道路上。

1997.3

拒绝光即已是惩罚

耶稣说:"光来到世上,为要使信它的人不住在黑暗里。它来的目的不是要审判世人,而是要拯救世人。那信它的人不会受审判,不信的人便已受了审判。光来到世上,世人宁爱黑暗而不爱光明,而这即已是审判。"

说得非常好。光,真理,善,一切美好的价值,它们的存在原不是为了惩罚什么人,而是为了造福于人,使人过一种有意义的生活。光照进人的心,心被精神之光照亮了,人就有了一个灵魂。有的人拒绝光,心始终是黑暗的,活了一世而未尝有灵魂。用不着上帝来另加审判,这本身即已是最可怕的惩罚了。

一切伟大的精神创造都是光来到世上的证据。当一个人自己从事创造的时候,或者沉醉在既有的伟大精神作品中的时候,他会最真切地感觉到,光明已经降临,此中的喜乐是人世间任何别的事情不能比拟的。读好的书籍,听好的音乐,我们都会由衷地感到,生而为人是多么幸运。倘若因为客观的限制,一个人无缘有这样的体验,那无疑是极大的不幸。倘若因为内在的蒙昧,一个人拒绝这样的享受,那就是真正的惩罚了。伟大的作品已经在那里,却视而不见,偏把光阴消磨在源源不断的垃圾产品中,你不能说这不是惩罚。有一些发了大财的人,他们当然有钱去周游世界啦，可是到了国外，对当地的自然和文化景观毫无兴趣，唯一热衷的是购物和逛红灯区，你不能说他们不是一些遭了判决的可悲的人。

　　人心中的正义感和道德感也是光来到世上的证据。不管世道如何，世上善良人总归是多数，他们心中最基本的做人准则是任何世风也摧毁不了的。这准则是人心中不熄的光明，凡感觉到这光明的人都知道它的珍贵，因为它是人的尊严的来源，倘若它熄灭了，人就不复是人了。世上的确有那样的恶人，心中的光几乎或已经完全熄灭，处世做事不再讲最基本的做人准则。他们不相信基督教的末日审判之说，也可能逃脱尘世上的法律审判，但是，活着而感受不到一丝一毫做人的光荣，你不能说这不是最严厉的惩罚。

第十辑

面对苦难

正视苦难

我们总是想,今天如此,明天也会如此,生活将照常进行下去。

然而,事实上迟早会有意外事件发生,打断我们业已习惯的生活,总有一天我们的列车会突然翻出轨道。

"天有不测风云"——不测风云乃天之本性,"人有旦夕祸福"——旦夕祸福是无所不包的人生的题中应有之义,任何人不可心存侥幸,把自己独独看作例外。

人生在世,总会遭受不同程度的苦难,世上并无绝对的幸运儿。所以,不论谁想从苦难中获得启迪,该是不愁缺乏必要的机会和材料的。世态炎凉,好运不过尔尔。那种一交好运就得意忘形的浅薄者,我很怀疑苦难能否使他们变得深刻一些。

人生的本质绝非享乐,而是苦难,是要在无情宇宙的一个小小角落里奏响生命的凯歌。

喜欢谈论痛苦的往往是不识愁滋味的少年,而饱尝人间苦难的老年贝多芬却唱起了欢乐颂。

年少之时，我们往往容易无病呻吟，夸大自己的痛苦，甚至夸耀自己的痛苦。究其原因，大约有二。其一，是对人生的无知，没有经历过大痛苦，就把一点儿小烦恼当成了大痛苦。其二，是虚荣心，在文学青年身上尤其突出，把痛苦当作装饰和品位，显示自己与众不同。只是到了真正饱经沧桑之后，我们才明白，人生的小烦恼是不值得说的，大痛苦又是不可说的。我们把痛苦当作人生本质的一个组成部分接受下来，带着它继续生活。如果一定要说，我们就说点别的，比如天气。辛弃疾词云："却道天凉好个秋"——这个结尾意味深长，是不可说之说，是辛酸的幽默。

一个人只要真正领略了平常苦难中的绝望，他就会明白，一切美化苦难的言辞是多么浮夸，一切炫耀苦难的姿态是多么做作。

不要对我说：苦难净化心灵，悲剧使人崇高。默默之中，苦难磨钝了多少敏感的心灵，悲剧毁灭了多少失意的英雄。何必用舞台上的绘声绘色，来掩盖生活中的无声无息！

浪漫主义在痛苦中发现了美感，于是为了美感而寻找痛苦，夸大痛苦，甚至伪造痛苦。然而，假的痛苦有千百种语言，真的痛苦却没有语言。

事实上，我们平凡生活中的一切真实的悲剧都仍然是平凡生活的组成部分，平凡性是它们的本质，诗意的美化必然导致歪曲。

我们不是英雄。做英雄是轻松的，因为他有净化和升华。做英雄又是沉重的，因为他要演戏。我们只是忍受着人间寻常苦难的普通人。

人生中有的遭遇是没有安慰也没有补偿的，只能全盘接受。我为接受找到的唯一理由是，人生在总体上就是悲剧，因此就不必追究细节的悲惨了。塞涅卡在相似意义上说："何必为部分生活而哭泣？君不见全部人生都催人泪下。"

如同肉体的痛苦一样，精神的痛苦也是无法分担的。别人的关爱至多只能转移你对痛苦的注意力，却不能改变痛苦的实质。甚至在一场共同承受的苦难中，每人也必须独自承担自己的那一份痛苦，这痛苦并不因为有一个难友而有所减轻。

苦难与生命意义

幸福是生命意义得到实现的鲜明感觉。一个人在苦难中也可以感觉到生命意义的实现乃至最高的实现,因此苦难与幸福未必是互相排斥的。但是,在更多的情况下,人们在苦难中感觉到的却是生命意义的受挫。我相信,即使是这样,只要没有被苦难彻底击败,苦难仍会深化一个人对于生命意义的认识。

人生中有顺境,也有困境和逆境。困境和逆境当然一点儿也不温馨,却是人生最真实的组成部分,往往促人奋斗,也引人彻悟。我无意赞美形形色色的英雄、圣徒、冒险家和苦行僧,可是,如果否认了苦难的价值,就不复有壮丽的人生了。

对于一个视人生感受为最宝贵财富的人来说,欢乐和痛苦都是收入,他的账本上没有支出。这种人尽管敏感,却有很强的生命力,因为在他眼里,现实生活中的祸福得失已经降为次要的东西,命运的打击因心灵的收获而得到了补偿。陀思妥耶夫斯基在赌场上输掉的,却在他描写赌徒心理的小说中极其辉煌地赢了回来。

人生中不可挽回的事太多。既然活着，还得朝前走。经历过巨大苦难的人有权利证明，创造幸福和承受苦难属于同一种能力。没有被苦难压倒，这不是耻辱，而是光荣。

任何智慧都不能使我免于痛苦，我只愿有一种智慧足以使我不毁于痛苦。

生命中那些最深刻的体验必定也是最无奈的，它们缺乏世俗的对应物，因而不可避免地会被日常生活的潮流淹没。当然，淹没并不等于不存在了，它们仍然存在于日常生活所触及不到的深处，成为每一个人既无法面对、也无法逃避的心灵暗流。

当生活中的小挫折彼此争夺意义之时，大苦难永远藏在找不到意义的沉默的深渊里。认识到生命中的这种无奈，我看自己、看别人的眼光便宽容多了，不会再被喧闹的表面现象所迷惑。

人天生是软弱的，唯其软弱而犹能承担起苦难，才显出人的尊严。
我厌恶那种号称铁石心肠的强者，蔑视他们一路旗开得胜的骄横。只有以软弱的天性勇敢地承受着寻常苦难的人们，才是我的兄弟姐妹。

知道痛苦的价值的人，不会轻易向别人泄露和展示自己的痛苦，哪怕是最亲近的人。

落难的王子

有一个王子,生性多愁善感,最听不得悲惨的故事。每当左右向他禀告天灾人祸的消息,他就流着泪叹息道:"天哪,太可怕了!这事落到我头上,我可受不了!"

可是,厄运终于落到了他的头上。在一场突如其来的战争中,他的父王被杀,母后受辱自尽,他自己也被敌人掳去当了奴隶,受尽非人的折磨。当他终于逃出虎口时,他已经身罹残疾,从此以后流落异国他乡,靠行乞度日。

我是在他行乞时遇到他的,见他相貌不凡,便向他打听身世。听他说罢,我早已泪流满面,发出了他曾经发过的同样的叹息:

"天哪,太可怕了!这事落到我头上,我可受不了!"

谁知他正色道:"先生,请别说这话。凡是人间的灾难,无论落到谁头上,谁都得受着,而且都受得了——只要他不死。至于死,就更是一件容易的事了。"

落难的王子撑着拐杖远去了。有一天,厄运也落到了我的头上,而我的耳边也响起了那熟悉的叹息:

"天哪,太可怕了   "

以尊严的方式承受苦难

面对社会悲剧，我们有理想、信念、正义感、崇高感支撑着我们，我们相信自己在精神上无比地优越于那迫害乃至毁灭我们的恶势力，因此我们可以含笑受难，慷慨赴死。我们是舞台上的英雄，哪怕眼前这个剧场里的观众全都浑浑噩噩，是非颠倒，我们仍有勇气把戏演下去，演给我们心目中绝对清醒公正的观众看，我们称这观众为历史、上帝或良心。

可是，面对自然悲剧，我们有什么呢？这里没有舞台，只有空漠无际的苍穹。我们不是英雄，只是朝生暮死的众生。任何人间理想都抚慰不了生老病死的悲哀，在天灾人祸面前也谈不上什么正义感。当史前人类遭受大洪水的灭顶之灾时，当庞贝城居民被维苏威火山的岩浆吞没时，他们能有什么慰藉呢？地震、海啸、车祸、空难、瘟疫、绝症……大自然的恶势力轻而易举地把我们或我们的亲人毁灭。我们面对的是没有灵魂的敌手，因而不能以精神的优越自慰，却愈发感到了生命的卑微。没有上帝来拯救我们，因为这灾难正是上帝亲手降下。我们愤怒，但无处泄愤。我们冤屈，但永无伸冤之日。我们反抗，但我们的反抗孤立无助，注定失败。

然而我们未必就因此倒下。也许，没有浪漫气息的悲剧是我们最本质的悲剧,不具英雄色彩的勇气是我们最真实的勇气。在无可告慰的绝望中,我们咬牙挺住。我们挺立在那里,没有观众,没有证人,也没有期待,没有援军。我们不倒下,仅仅是因为我们不肯让自己倒下。我们以此维护了人的最高的也是最后的尊严——人在大自然(=神=虚无)面前的尊严。

面对无可逃避的厄运和死亡,绝望的人在失去一切慰藉之后,总还有一个慰藉,便是在勇敢承受命运时的尊严感。由于降灾于我们的不是任何人间的势力,而是大自然本身,因此,在我们的勇敢中体现出的乃是人的最高尊严——人在神面前的尊严。

领悟悲剧也须有深刻的心灵,人生的险难关头最能检验一个人的灵魂深浅。有的人一生接连遭到不幸,却未尝体验过真正的悲剧情感。相反,表面上一帆风顺的人也可能经历过巨大的内心悲剧。

我相信人有素质的差异。苦难可以激发生机,也可以扼杀生机;可以磨炼意志,也可以摧垮意志;可以启迪智慧,也可以蒙蔽智慧;可以高扬人格,也可以贬抑人格——全看受苦者的素质如何。素质大致规定了一个人承受苦难的限度,在此限度内,苦难的锤炼或可助人成材,超出此则会把人击碎。

这个限度对幸运同样适用。素质好的人既能承受大苦难,也能承受大幸运，素质差的人则可能兼毁于两者。

痛苦是性格的催化剂，它使强者更强，弱者更弱，暴者更暴，柔者更柔，智者更智，愚者更愚。

人得救靠本能

习惯，疲倦，遗忘，生活琐事——苦难有许多貌不惊人的救星。人得救不是靠哲学和宗教，而是靠本能，正是生存本能使人类和个人历尽劫难而免于毁灭，各种哲学和宗教的安慰也无非是人类生存本能的自勉罢了。

人都是得过且过，事到临头才真急。达摩克利斯之剑悬在头上，仍然不知道疼。砍下来，只要不死，好了伤疤又忘了疼。最拗不过的是生存本能以及由之产生的日常生活琐事，正是这些琐事分散了人对苦难的注意，使苦难者得以休养生息，走出泪谷。

在《战争与和平》中，娜塔莎一边守护着弥留之际的安德烈，一边在编一只袜子。她爱安德烈胜于世上的一切，但她仍然不能除了让心上人等死之外什么事也不做。一事不做地坐等一个注定的灾难发生，这种等实在荒谬，与之相比，灾难本身反倒显得比较好忍受一些了。

只要生存本能犹在，人在任何处境中都能为自己编织希望，哪怕是极可怜的希望。陀思妥耶夫斯基笔下的终身苦役犯，服刑初期被用铁链拴在墙上，可他们照样有他们的希望：有朝一日能像别的苦役犯一样，被允许离开这堵墙，戴着脚镣走动。如果没有任何希望，没有一个人能够活下去。即使是最彻底的悲观主义者，他们的彻底也仅是理论上的，在现实生活中，生存本能仍然驱使他们不断受小小的希望鼓舞，从而能忍受这遭到他们否定的人生。

请不要责备"好了伤疤忘了疼"。如果生命没有这样的自卫本能，人如何还能正常地生活，世上还怎会有健康、勇敢和幸福？

古往今来，天灾人祸，留下过多少伤疤，如果一一记住它们的疼痛，人类早就失去了生存的兴趣和勇气。人类是在忘却中前进的。

对于一切悲惨的事情，包括我们自己的死，我们始终是又适应又不适应，有时悲观有时达观，时而清醒时而麻木，直到最后都是如此。说到底，人的忍受力和适应力是惊人的，几乎能够在任何境遇中活着，或者——死去，而死也不是不能忍受和适应的。到死时，不适应也适应了，不适应也无可奈何了，不适应也死了。

身处一种旷日持久的灾难之中，为了同这灾难拉开一个心理距离，可以有种种办法。乐观者会尽量"朝前看"，把眼光投向雨过天晴的未来，看到灾难的暂时性，从而怀抱一种希望。悲观者会尽量居高临下地"俯视"灾难，把它放在人生虚无的大背景下来看，看破人间祸福的无谓，从而产生一种超脱的心境。倘若我们既非乐观的诗人，亦非悲观的哲人，而只是得过且过的普通人，我们仍然可以甚至必然有意无意地掉头不看眼前的灾难，尽量把注意力放在生活中尚存的别的欢乐上，哪怕是些极琐屑的欢乐，只要我们还活着，这类欢乐是任何灾难都不能把它们彻底消灭掉的。所有这些办法，实质上都是逃避，而逃避常常是必要的。

如果我们骄傲得不肯逃避，或者沉重得不能逃避，怎么办呢？

剩下的唯一办法是忍。

我们终于发现，忍受不可忍受的灾难是人类的命运。接着我们又发现，只要咬牙忍受，世上并无不可忍受的灾难。

古人曾云：忍为众妙之门。事实上，对于人生种种不可躲避的灾祸和不可改变的苦难，除了忍，别无他法。忍也不是什么妙法，只是非如此不可罢了。不忍又能怎样？所谓超脱，不过是寻找一种精神上的支撑，从而较能够忍，并非不需要忍了。一切透彻的哲学解说都改变不了任何一个确凿的灾难事实。佛教教人看透生老病死之苦，但并不能消除生老病死本身，苦仍然是苦，无论怎么看透，身受时还是得忍。

当然，也有忍不了的时候，结果是肉体的崩溃——死亡，精神的崩溃——疯狂，最糟则是人格的崩溃——从此萎靡不振。

如果不想毁于灾难，就只能忍。忍是一种自救，即使自救不了，至少也是一种自尊。以从容平静的态度忍受人生最悲惨的厄运，这是处世做人的基本功夫。

定理一：人是注定要忍受不可忍受的苦难的。由此推导出定理二：所以，世上没有不可忍受的苦难。

对于人生的苦难，除了忍，别无他法。一切透彻的哲学解释不能改变任何一个确凿不移的灾难事实。例如面对死亡，最好的哲学解释也至多只能解除我们对于恐惧的恐惧，而不能解除恐惧本身，因为这后一层恐惧属于本能，我们只能带着它接受宿命。

人生无非是等和忍的交替。有时是忍中有等，绝望中有期待。到了一无可等的时候，就最后忍一忍，大不了是一死，就此彻底解脱。

我们不可能持之以恒地为一个预知的灾难结局悲伤。悲伤如同别的情绪一样，也会疲劳，也需要休息。

以旁观者的眼光看死刑犯，一定会想象他们无一日得安生，其实不然。因为，只要想一想我们自己，谁不是被判了死刑的人呢？

人生难免遭遇危机，能主动应对当然好，若不能，就忍受它，等待它过去吧。

身陷任何一种绝境，只要还活着，就必须把绝境也当作一种生活，接受它的一切痛苦，也不拒绝它仍然可能有的任何微小的快乐。

身处绝境之中,最忌讳的是把绝境与正常生活进行对比,认为它不是生活,这样会一天也忍受不下去。如果要作对比,干脆放大尺度,把自己的苦难放到宇宙的天平上去称一称。面对宇宙,一个生命连同它的痛苦皆微不足道,可以忽略不计。

苦难中的智慧

人生的重大苦难都起于关系。对付它的方法之一便是有意识地置身在关系之外,和自己的遭遇拉开距离。例如,在失恋、亲人死亡或自己患了绝症时,就想一想恋爱关系、亲属关系乃至自己的生命的纯粹偶然性,于是获得一种类似解脱的心境。

然而,毕竟身在其中,不是想跳就能跳出来的。无我的空理易明,有情的尘缘难断。认识到因缘的偶然是一回事,真正看破因缘又是一回事。所以,佛教要建立一套烦琐复杂的戒律,借以把它的哲学观念转化为肉体本能。

着眼于过程,人生才有幸福或痛苦可言。以死为背景,一切苦乐祸福的区别都无谓了。因此,当我们身在福中时,我们尽量不去想死的背景,以免败坏眼前的幸福。一旦苦难临头,我们又尽量去想死的背景,以求超脱当下的苦难。

生命连同它的快乐和痛苦都是虚幻的——这个观念对于快乐是一个打击,对于痛苦未尝不是一个安慰。用终极的虚无淡化日常的苦难,用彻底的悲观净化尘世的哀伤,这也许是悲观主义的智慧吧。

面对苦难，我们可以用艺术、哲学、宗教的方式寻求安慰。在这三种场合，我们都是在想象中把自我从正在受苦的肉身凡胎分离出来，立足于一个安全的位置上，居高临下地看待苦难。

艺术家自我对肉身说：你的一切遭遇，包括你正遭受的苦难，都只是我的体验。人生不过是我借造化之笔写的一部大作品，没有什么不可化作它的素材。我有时也许写得很投入，但我不会忘记，作品是作品，我是我，无论作品的某些章节多么悲惨，我依然故我。

哲学家自我对肉身说：我站在超越时空的最高处，看见了你所看不见的一切。我看见了你身后的世界，在那里你不复存在，你生前是否受过苦还有何区别？在我无边广阔的视野里，你的苦难稍纵即逝，微不足道，不值得为之动心。

宗教家自我对肉身说：你是卑贱的，注定受苦，而我将升入天国，永享福乐。

但正在受苦的肉身忍无可忍了，它不能忍受对苦难的贬低甚于不能忍受苦难，于是怒喊道："我宁愿绝望，不要安慰！"

一切偶像都沉默下来了。

离一种灾祸愈远，我们愈觉得其可怕，不敢想象自己一旦身陷其中会怎么样。但是，当我们真的身陷其中时，犹如落入台风中心，反倒有了一种意外的平静。

越是面对大苦难，就越要用大尺度来衡量人生的得失。在岁月的流转中，人生的一切祸福都是过眼烟云。在历史的长河中，灾难和重建乃是寻常经历。

不幸对一个人的杀伤力取决于两个因素，一是不幸的程度，二是对不幸的承受力。其中，后者更关键。所以，古希腊哲人如是说：不能承受不幸本身就是一种巨大的不幸。

但是，承受不幸不仅是一种能力，来自坚强的意志，更是一种觉悟，来自做人的尊严、与身外遭遇保持距离的智慧，以及超越尘世遭遇的信仰。

人生最无法超脱的悲苦正是在细部，哲学并不能使正在流血的伤口止痛，对于这痛，除了忍受，我们别无办法。但是，我相信，哲学、宗教所启示给人的那种宏观的超脱仍有一种作用，就是帮助我们把自己从这痛中分离出来，不让这痛把我们完全毁掉。

一天的难处一天担当

"你们不要为明天忧虑,明天自有明天的忧虑;一天的难处一天担当就够了。"耶稣有一些很聪明的教导,这是其中之一。

中国人喜欢说:人无远虑,必有近忧。这当然也对。不过,远虑是无穷尽的,必须适可而止。有一些远虑,可以预见也可以预作筹划,不妨就预作筹划,以解除近忧。有一些远虑,可以预见却无法预作筹划,那就暂且搁下吧,车到山前自有路,何必让它提前成为近忧。还有一些远虑,完全不能预见,那就更不必总是怀着一种莫名之忧,自己折磨自己了。总之,应该尽量少往自己的心里搁忧虑,保持轻松和光明的心境。

一天的难处一天担当,这样你不但比较轻松,而且比较容易把这难处解决。如果你把今天、明天以及后来许多天的难处都担在肩上,你不但沉重,而且可能连一个难处也解决不了。

做一个能够承受不幸的人

古希腊哲人彼亚斯说："一个不能承受不幸的人是真正不幸的。"彼翁说了相同意思的话："不能承受不幸本身就是一种巨大的不幸。"

为什么这样说呢？

首先是因为，不幸对一个人的杀伤力取决于两个因素，一是不幸的程度，二是对不幸的承受力。其中，后者更关键。一个能够承受不幸的人，实际上是减小了不幸对自己的杀伤力，尤其是不让它伤及自己的生命核心。相反，一个不能承受的人，同样的不幸就可能使他元气大伤，一蹶不振，甚至因此毁灭。因此，看似遭遇了同样的不幸，结果是完全不一样的。

其次，一个不能承受的人，即使暂时没有遭遇不幸，因为他的内在的脆弱，他身上就好像已经埋着不幸的种子一样。在现实生活中，大大小小的不幸总是难免的，因此，他被不幸击倒只是迟早的事情而已。

做一个能够承受不幸的人，这是人生观的重要内容。承受不幸不仅是一种能力，来自坚强的意志，更是一种觉悟，来自做人的尊严、与身外遭遇保持距离的智慧和超越尘世遭遇的信仰。

面对苦难

人生在世，免不了要遭受苦难。所谓苦难，是指那种造成了巨大痛苦的事件和境遇。它包括个人不能抗拒的天灾人祸，例如遭遇乱世或灾荒，患危及生命的重病乃至绝症，挚爱的亲人死亡。也包括个人在社会生活中的重大挫折，例如失恋，婚姻破裂，事业失败。有些人即使在这两方面运气都好，未尝吃大苦，却也无法避免那个一切人迟早要承受的苦难——死亡。因此，如何面对苦难，便是摆在每个人面前的重大人生课题。

人们往往把苦难看作人生中纯粹消极的、应该完全否定的东西。当然，苦难不同于主动的冒险，冒险有一种挑战的快感，而我们忍受苦难总是迫不得已的。但是，作为人生的消极面的苦难，它在人生中的意义也是完全消极的吗？

苦难与幸福是相反的东西，但它们有一个共同之处，就是都直接和灵魂有关，并且都牵涉到对生命意义的评价。在通常情况下，我们的灵魂是沉睡着的，一旦我们感到幸福或遭到苦难时，它便醒来了。如果说幸福是灵魂的巨大愉悦，这愉悦源自对生命的美好意义的强烈感受，那么，苦难之为苦难，正在于它撼动了生命的根基，打击了人对生命意义的信心，因而使灵魂陷入了巨大痛苦。生命意义仅是灵魂的对象，对它无论是肯定还是怀疑、否定,只要是真切的,就必定是灵魂在出场。外部的事件再悲惨,如果它没有震撼灵魂,也成为一个精神事件,就称不上是苦难。一种东西能够把灵魂震醒,使之处于虽然痛苦却富有生机的紧张状态,应当说必具有某种精神价值。

多数时候,我们是生活在外部世界上。我们忙于琐碎的日常生活,忙于工作、交际和娱乐,难得有时间想一想自己,也难得有时间想一想人生。可是,当我们遭到厄运时,我们忙碌的身子停了下来。厄运打断了我们所习惯的生活,同时也提供了一个机会,迫使我们与外界事物拉开了一个距离,回到了自己。只要我们善于利用这个机会,肯于思考,就会对人生获得一种新眼光。古罗马哲学家认为逆境启迪智慧,佛教把对苦难的认识看作觉悟的起点,都自有其深刻之处。人生固有悲剧的一面,对之视而不见未免肤浅。当然,我们要注意不因此而看破红尘。我相信,一个历尽坎坷而仍然热爱人生的人,他胸中一定藏着许多从痛苦提炼的珍宝。

苦难不仅提高我们的认识,而且也提高我们的人格。苦难是人格的试金石,面对苦难的态度最能表明一个人是否具有内在的尊严。譬如失恋,只要失恋者真心爱那个弃他而去的人,他就不可能不感到极大的痛苦。但是,同为失恋,有的人因此自暴自弃,萎靡不振,有的人为之反目为仇,甚至行凶报复,有的人则怀着自尊和对他人感情的尊重,默默地忍受痛苦,其间便有人格上的巨大差异。当然,每个人的人格并非一成不变的,他对痛苦的态度本身也在铸造他的人格。不论遭受怎样的苦难，只要他始终警觉他拥有采取何种态度的自由，并勉励自己以一种坚忍高贵的态度承受苦难，他就比任何时候都更加有效地提高着自己的人格。

凡苦难都具有不可挽回的性质。不过，在多数情况下，这只是指不可挽回地丧失了某种重要的价值，但同时人生中毕竟还存在着别的一些价值，它们鼓舞着受苦者承受眼前的苦难。譬如说，一个失恋者即使已经对爱情根本失望，他仍然会为了事业或为了爱他的亲人活下去。但是，世上有一种苦难，不但本身不可挽回，而且意味着其余一切价值的毁灭，因而不可能从别的方面汲取承受它的勇气。在这种绝望的境遇中，如果说承受苦难仍有意义，那么，这意义几乎唯一地就在于承受苦难的方式本身了。第二次世界大战时，有一个名叫弗兰克的人被关进了奥斯维辛集中营。凡是被关进这个集中营的人几乎没有活着出来的希望，等待着他们的是毒气室和焚尸炉。弗兰克的父母、妻子、哥哥确实都遭到了这种厄运。但弗兰克极其偶然地活了下来，他写了一本非常感人的书讲他在集中营里的经历和思考。在几乎必死的前景下，他之所以没有被集中营里非人的苦难摧毁，正是因为他从承受苦难的方式中找到了生活的意义。他说得好：以尊严的方式承受苦难，这是一项实实在在的内在成就，因为它证明了人在任何时候都拥有不可剥夺的精神自由。事实上，我们每个人都终归要面对一种没有任何前途的苦难，那就是死亡，而以尊严的方式承受死亡的确是我们精神生活的最后一项伟大成就。

苦难的精神价值

维克多·弗兰克是意义治疗法的创立者,他的理论已成为弗洛伊德、阿德勒之后维也纳精神治疗法的第三学派。第二次世界大战期间,他曾被关进奥斯维辛集中营,受尽非人的折磨,九死一生,只是侥幸地活了下来。在《活出意义来》这本小书中,他回顾了当时的经历。作为一名心理学家,他并非像一般受难者那样流于控诉纳粹的暴行,而是尤能细致地捕捉和分析自己的内心体验以及其他受难者的心理现象,许多章节读来饶有趣味,为研究受难心理学提供了极为生动的材料。不过,我在这里想着重谈的是这本书的另一个精彩之处,便是对苦难的哲学思考。

对意义的寻求是人的最基本的需要。当这种需要找不到明确的指向时,人就会感到精神空虚,弗兰克称之为存在的空虚。这种情形普遍地存在于当今西方的富裕社会。当这种需要有明确的指向却不可能实现时,人就会有受挫之感,弗兰克称之为存在的挫折。这种情形发生在人生的各种逆境或困境之中。

寻求生命意义有各种途径,通常认为,归结起来无非一是创造,以实现内在的精神能力和生命的价值;二是体验,借爱情、友谊、沉思、对大自然和艺术的欣赏等美好经历获得心灵的愉悦。那么,倘若一个人落入了某种不幸境遇,基本上失去了积极创造和正面体验的可能,他的生命是否还有一种意义呢？在这种情况下，人们一般是靠希望活着的，即相信或至少说服自己相信厄运终将过去，然后又能过一种有意义的生活。然而，第一，人生中会有一种可以称作绝境的境遇，所遭遇的苦难是致命的，或者是永久性的，人不复有未来，不复有希望。这正是弗兰克曾经陷入的境遇，因为对于奥斯维辛集中营的战俘来说，煤气室和焚尸炉几乎是不可逃脱的结局。我们还可以举出绝症患者，作为日常生活中的一个相关例子。如果苦难本身毫无价值，则一旦陷入此种境遇，我们就只好承认生活没有任何意义了。第二，不论苦难是否暂时的，如果把眼前的苦难生活仅仅当作一种虚幻不实的生活，就会如弗兰克所说忽略了苦难本身所提供的机会。他以狱中亲历指出，这种态度是使大多数俘虏丧失生命力的重要原因，他们正因此而放弃了内在的精神自由和真实自我，意志消沉，一蹶不振，彻底成为苦难环境的牺牲品。

所以，在创造和体验之外，有必要为生命意义的寻求指出第三种途径，即肯定苦难本身在人生中的意义。一切宗教都很重视苦难的价值，但认为这种价值仅在于引人出世，通过受苦，人得以救赎原罪，进入天国（基督教），或看破红尘，遁入空门（佛教）。与它们不同，弗兰克的思路属于古希腊以来的人文主义传统，他是站在肯定人生的立场上来发现苦难的意义的。他指出，即使处在最恶劣的境遇中，人仍然拥有一种不可剥夺的精神自由，即可以选择承受苦难的方式。一个人不放弃他的这种"最后的内在自由"，以尊严的方式承受苦难，这种方式本身就是"一项实实在在的内在成就"，因为它所显示的不只是一种个人品质，而且是整个人性的高贵和尊严，证明了这种尊严比任何苦难更有力，是世间任何力量不能将它剥夺的。正是由于这个原因，在人类历史上，伟大的受难者如同伟大的创造者一样受到世世代代的敬仰。也正是在这个意义上，陀思妥耶夫斯基说出了这句耐人寻味的话："我只担心一件事，就是怕我配不上我所受的苦难。"

我无意颂扬苦难。如果允许选择，我宁要平安的生活，得以自由自在地创造和享受。但是，我赞同弗兰克的见解，相信苦难的确是人生的必含内容，一旦遭遇，它也的确提供了一种机会。人性的某些特质，唯有借此机会才能得到考验和提高。一个人通过承受苦难而获得的精神价值是一笔特殊的财富，由于它来之不易，就绝不会轻易丧失。而且我相信，当他带着这笔财富继续生活时，他的创造和体验都会有一种更加深刻的底蕴。

第十一辑

智慧引领幸福

智慧与幸福

苏格拉底提出过一个等式：智慧＝美德＝幸福。他的意思是，一个人倘若想明白了人生的道理，做人就一定会做得好，而这也就是幸福。反过来说，我们的确看到，许多人之所以生活得不幸福，正是因为没有想明白人生的道理，在做人上出了问题。在此意义上，智慧是引领我们寻求幸福的明灯。

幸福是相对的，现实中的幸福是包容人生各种正负经历的丰富的体验。人生中必然遭遇挫折和痛苦，把它们视为纯粹的坏事予以拒斥，乃是一种愚痴，只会使自己距幸福越来越远。

人生最值得追求的东西，一是优秀，二是幸福，而这二者都离不开智慧。所谓智慧，就是想明白人生的根本道理。唯有这样，才会懂得如何做人，从而成为人性意义上的真正优秀的人。也唯有这样，才能分辨人生中各种价值的主次，知道自己到底要什么，从而真正获得和感受到幸福。

智慧不是一种才能，而是一种人生觉悟，一种开阔的胸怀和眼光。

一个人在社会上也许成功，也许失败，如果他是智慧的，他就不会把这些看得太重要，而能够站在人世间一切成败之上，以这种方式成为自己命运的主人。

健康的心理来自智慧的头脑。现代人易患心理疾病，病根多半在想不明白人生的根本道理，于是就看不开生活中的小事。倘若想明白了，哪有看不开之理？

智慧使人对苦难更清醒也更敏感。一个智者往往对常人所不知的苦难也睁开着眼睛，又比常人更深地体悟到日常苦难背后的深邃的悲剧含义。在这个意义上，智慧使人痛苦。

然而，由于智者有着比常人开阔得多的视野，进入他视界的苦难固然因此增多了，每一个单独的苦难所占据的相对位置却也因此缩小了。常人容易被当下的苦难一叶障目，智者却能够恰当估计它与整个人生的关系。即使他是一个悲观主义者，由苦难的表象洞察人生悲剧的底蕴，但这种洞察也使他相对看轻了表象的重要性。

由此可见，智慧对痛苦的关系是辩证的，它在使人感知痛苦的同时也使人超脱痛苦。

所谓智慧的人生，就是要在执着和超脱之间求得一个平衡。有超脱的一面，看到人生的界限，和人生有距离，反而更能看清楚人生中什么东西真正有价值。

人生中的大问题都是没有答案的。但是,一个人唯有思考这些大问题,才能真正拥有自己的生活信念和生活准则,从而对生活中的小问题做出正确的判断。

航海者根据天上的星座来辨别和确定航向。他永远不会知道那些星座的成分和构造,可是,如果他不知道它们的存在,就会迷失方向,不能解决具体的航行任务。

智慧的人就好像站在神的地位上来看人类包括他自己,看到了人类的局限性。他一方面也是一个具有这种局限性的普通人,另一方面却又能够居高临下地俯视这局限性,也就在一定意义上超越了它。

人要能够看到限制,前提是和这限制拉开一个距离。坐井观天,就永远不会知道天之大和井之小。人的根本限制就在于不得不有一个肉身凡胎,它被欲望所支配,受有限的智力所指引和蒙蔽,为生存而受苦。可是,如果我们总是坐在肉身凡胎这口井里,我们也就不可能看明白它是一个根本限制。所以,智慧就好像某种分身术,要把一个精神性的自我从这个肉身的自我中分离出来,让它站在高处和远处,以便看清楚这个在尘世挣扎的自己所处的位置和可能的出路。

从一定意义上说,哲学家是一种分身有术的人,他的精神性自我已经能够十分自由地离开肉身，静观和俯视尘世的一切。

一个人有能力做神，却生而为人，他就成了哲人。

苏格拉底说："我知道我一无所知。"他心中有神的全知，所以知道人归根到底是无知的，别的人却把人的一知半解当成了全知。

心中有完美，同时又把不完美作为人的命运承受下来，这就是哲人。

人生在世，既能站得正，又能跳得出，这是一种很高的境界。在一定意义上，跳得出是站得正的前提，唯有看轻沉浮荣枯，才能不计利害得失，堂堂正正做人。

如果说站得正是做人的道德，那么，跳得出就是人生的智慧。人为什么会堕落？往往是因为陷在尘世一个狭窄的角落里，心不明，眼不亮，不能抵挡近在眼前的诱惑。佛教说"无明"是罪恶的根源，基督教说堕落的人生活在黑暗中，说的都是这个道理。相反，一个人倘若经常跳出来看一看人生的全景，真正看清事物的大小和价值的主次，就不太会被那些渺小的事物和次要的价值绊倒了。

超脱的胸怀

世上种种纷争，或是为了财富，或是为了教义，不外乎利益之争和观念之争。我们身在其中时，不免很看重。但是，不妨用鲁滨逊的眼光来看一看它们，就会发现，我们真正需要的物质产品和真正值得我们坚持的精神原则都是十分有限的，在单纯的生活中包含着人生的真谛。

人世间的争夺，往往集中在物质财富的追求上。物质的东西，多一些自然好，少一些也没什么，能保证基本生存就行。对精神财富的追求，人与人之间不存在冲突，一个人的富有绝不会导致另一个人的贫困。

由此可见，人世间的东西，有一半是不值得争的，另一半是不需要争的。所以，争什么！

一样东西，如果你太想要，就会把它看得很大，甚至大到成了整个世界，占据了你的全部心思。一个人一心争利益，或者一心创事业的时候，都会出现这种情况。我的劝告是，最后无论你是否如愿以偿，都要及时从中跳出来，如实地看清它在整个世界中的真实位置，亦即它在无限时空中的微不足道。这样，你得到了不会忘乎所以，没有得到也不会痛不欲生。

我们平时斤斤计较于事情的对错，道理的多寡，感情的厚薄，在一位天神的眼里，这种认真必定是很可笑的。

我们都在表象中生活，有什么事情是值得计较的！

用终极的眼光看，人世间的一切纷争都如此渺小，如此微不足道。当然，在现实中，纷争的解决不会这么简单。但是，倘若没有这样一种终极眼光，人类就会迷失方向，任何解决方式只能是在错误的路上越走越远。

那人对你做了一件不义的事，你为此痛苦了，这完全可以理解，但请适可而止。你想一想，世上有不义的人，这是你无法改变的，为你不能支配的别人的品德而痛苦是不理智的。你还想一想，不义的人一定会做不义的事，只是这一件不义的事碰巧落在你头上罢了。你这样想，就会超越个人恩怨的低水平，把你的遭遇当作借以认识人性和社会的材料，在与不义作斗争时你的心境也会光明磊落得多。

苏格拉底的雕塑手艺能考几级，康德是不是教授，歌德在魏玛公国做多大的官 如今有谁会关心这些！关心这些的人是多么可笑！对于历史上的伟人，你是不会在乎他们的职务和职称的。那么，对于你自己，你就非在乎不可吗？你不是伟人，但你因此就宁愿有一颗渺小的心吗？

在大海边，在高山上，在大自然之中，远离人寰，方知一切世俗功利的渺小，包括"文章千秋事"和千秋的名声。

因为世态险恶，人心叵测，于是远离名利场，这个境界仍比较低。恬着他贤我愚，口说不争，到底还是意难平。真正的超脱，来自彻悟人生的大智慧，或净化灵魂的大信仰。

人一看重机会，就难免被机会支配。

人活在世上，不可避免会遭遇不愉快的事情，大至亲人亡故，爱侣别离，小至钱财损失，朋友反目。这类事一旦发生，不可更改，就应该用通达的态度来面对，简单地说，就是：把它接过来，然后放下。第一，要接过来，在心理上承认和接受事实。坏事已经发生，你拼命抗拒，只是和自己过不去，坏事不会因此不存在。第二，接过来之后，要尽快放下，不把它存在心上。你把它总存在心上，为它纠结和痛苦，仍然是和自己过不去，实际上是在加大坏事对你的损害。让坏事只存在于你的身外，不让它侵害到你的内心，这是最好的办法。当然，我们只能尽量这么做，做到什么程度是什么程度。

人在世间的一切遭遇都是因缘。因缘，就是若干偶然的因素凑到了一起，使你遇上了这个人、这件事。你遇上了某个异性，结亲成家，生儿育女，也是因缘。倘若琴瑟和谐，儿女姣好，那就是好因缘。好因缘不易得，你当珍惜。但是，是因缘就有变数，你心里同时要能放下。对一切好因缘都应如此，遇上了，第一要珍惜，第二要能放下，珍惜是因为它好，能放下是因为它只是因缘。

一个人只要认真思考过死亡，不管是否获得使自己满意的结果，他都好像是把人生的边界勘察了一番，看到了人生的全景和限度。如此他就会形成一种豁达的胸怀，在沉浮人世的同时也能跳出来加以审视。他固然仍有自己的追求，但不会把成功和失败看得太重要。他清楚一切幸福和苦难的相对性质，因而快乐时不会忘形，痛苦时也不致失态。

张可久写"英雄不把穷通较"，"他得志笑闲人，他失脚闲人笑。"一个人不妨到世界上去奋斗，做一个英雄，但同时要为自己保留一个闲人的心态。以闲人的心态入世，得志和失脚都成了好玩的事，就可以"不把穷通较"了。

与身外遭遇保持距离

在终极的意义上，人世间的成功和失败，幸福和灾难，都只是过眼烟云，彼此并无实质的区别。当我们这样想时，我们和我们的身外遭遇保持了一个距离，反而和我们的真实人生贴得更紧了，这真实人生就是一种既包容又超越身外遭遇的丰富的人生阅历和体验。

事情对人的影响是与距离成反比的，离得越近，就越能支配我们的心情。因此，减轻和摆脱其影响的办法就是寻找一个立足点，那个立足点可以使我们拉开与事情之间的距离。如果那个立足点仍在人世间，与事情拉开了一个有限的距离，我们便会获得一种明智的态度。如果那个立足点被安置在人世之外，与事情隔开了一个无限的距离，我们便会获得一种超脱的态度。

人生中有些事情很小，但可能给我们造成很大的烦恼，因为离得太近。人生中有些经历很重大，但我们当时并不觉得，也因为离得太近。距离太近时，小事也会显得很大，使得大事反而显不出大了。隔开一定距离，事物的大小就显出来了。

我们走在人生的路上，遇到的事情是无数的，其中多数非自己所能选择，它们组成了我们每一阶段的生活，左右着我们每一时刻的心情。我们很容易把正在遭遇的每一件事情都看得十分重要。然而，事过境迁，当我们回头看走过的路时便会发现，人生中真正重要的事情是不多的，它们奠定了我们的人生之路的基本走向，而其余的事情不过是路边的一些令人愉快或不愉快的小景物罢了。

"距离说"对艺术家和哲学家是同样适用的。理解与欣赏一样，必须同对象保持相当的距离，然后才能观其大体。不在某种程度上超脱，就绝不能对人生有深刻见解。

外在遭遇受制于外在因素，非自己所能支配，所以不应成为人生的主要目标。真正能支配的唯有对一切外在遭际的态度。内在生活充实的人仿佛有另一个更高的自我，能与身外遭遇保持距离，对变故和挫折持适当态度，心境不受尘世祸福沉浮的扰乱。

对于自己的经历应该采取这样的态度：一是尽可能地诚实，正视自己的任何经历，尤其是不愉快的经历，把经历当作人生的宝贵财富；二是尽可能地超脱，从自己的经历中跳出来，站在一个比较高的位置上看它们，把经历当作认识人性的标本。

日常生活是有惰性的。身边的什物，手上的事务，很容易获得一种支配我们的力量，夺走我们的自由。我们应该经常跳出来想一想，审视它们是否真正必要。

纷纷扰扰,全是身外事。我能够站在一定的距离外来看待我的遭遇了。我是我,遭遇是遭遇。惊涛拍岸,卷起千堆雪。可是,岸仍然是岸,它淡然观望着变幻不定的海洋。

平常心

世上有一些东西,是你自己支配不了的,比如运气和机会,舆论和毁誉,那就不去管它们,顺其自然吧。

世上有一些东西,是你自己可以支配的,比如兴趣和志向,处世和做人,那就在这些方面好好地努力,至于努力的结果是什么,也顺其自然吧。

我们不妨去追求最好——最好的生活,最好的职业,最好的婚姻,最好的友谊,等等。但是,能否得到最好,取决于许多因素,不是光靠努力就能成功的。因此,如果我们尽了力,结果得到的不是最好,而是次好,次次好,我们也应该坦然地接受。人生原本就是有缺憾的,在人生中需要妥协。不肯妥协,和自己过不去,其实是一种痴愚,是对人生的无知。

要有平常心。人到中年以后,也许在社会上取得了一点儿虚名浮利,这时候就应该牢记一无所有的从前。事实上,谁来到这个世界的时候不是一条普通的生命?有平常心的人,看己看人都能除去名利的伪饰。

在青年时期，人有虚荣心和野心是很正常的。成熟的标志是自我认识，认清了自己的天赋方向，于是外在的虚荣心和野心被内在的目标取代。

人在年轻时会给自己规定许多目标，安排许多任务，入世是基本的倾向。中年以后，就应该多少有一点出世的心态了。所谓出世，并非纯然消极，而是与世间的事务和功利拉开一个距离，活得洒脱一些。

一个人的实力未必表现为在名利山上攀登，真有实力的人还能支配自己的人生走向，适时地退出竞赛，省下时间来做自己喜欢做的事，享受生命的乐趣。

人过中年，就应该基本戒除功利心、贪心、野心，给善心、闲心、平常心让出地盘了，它们都源自一种看破红尘名利、回归生命本质的觉悟。如果没有这个觉悟会怎样呢？据说老年人容易变得冷漠、贪婪、自负，这也许就是答案吧。

历史不是一切，在历史之外，阳光下还绵亘着存在的广阔领域，有着人生简朴的幸福。

一个人未必要充当某种历史角色才活得有意义，最好的生活方式是古希腊人那样的贴近自然和生命本身的生活。

我们不妨站到上帝的位置上看自己的尘世遭遇，但是，我们永远是凡人而不是上帝。所以，每一个人的尘世遭遇对于他自己仍然具有特殊的重要性。当我们在黑暗中摸索前行时，那把我们绊倒的物体同时也把我们支撑，我们不得不抓牢它们，为了不让自己在完全的空无中行走。

我已经厌倦那种永远深刻的灵魂，它是狭窄的无底洞，里面没有光亮，没有新鲜的空气，也没有玩笑和游戏。

博大的深刻不避肤浅。走出深刻，这也是一种智慧。

人生有千百种滋味，品尝到最后，都只留下了一种滋味，就是无奈。生命中的一切花朵都会凋谢，一切凋谢都不可挽回，对此我们只好接受。我们不得不把人生的一切缺憾随同人生一起接受下来，认识到了这一点，我们心中就会产生一种坦然。无奈本身包含不甘心的成分，可是，当我们甘心于不甘心，坦然于无奈，对无能为力的事情学会了无所谓，无奈就成了一种境界。

岁月无情，人生易老，对此真是无话可说。然而，好的心态仍是重要的。这个好的心态，不是傻乐，不是装嫩，而是历经沧桑之后的豁然开朗。我体会到，人过中年以后，应该逐步建立两方面的觉悟，一方面是与人生必有的缺陷达成和解，另一方面是对人生根本的价值懂得珍惜。有了这两方面的觉悟，就会有好的心态。

最低的境界是平凡,其次是超凡脱俗,最高是返璞归真的平凡。

野心倘若肯下降为平常心,同时也就上升成了慧心。

不避平庸岂非也是一种伟大,不拒小情调岂非也是一种大气度?

宽待人性

人皆有弱点,有弱点才是真实的人性。那种自己认为没有弱点的人,一定是浅薄的人。那种众人认为没有弱点的人,多半是虚伪的人。

人生皆有缺憾,有缺憾才是真实的人生。那种看不见人生缺憾的人,或者是幼稚的,或者是麻木的,或者是自欺的。

正是在弱点和缺憾中,在对弱点的宽容和对缺憾的接受中,人幸福地生活着。

在这个世界上,一个人重感情就难免会软弱,求完美就难免有遗憾。也许,宽容自己这一点软弱,我们就能坚持;接受人生这一点遗憾,我们就能平静。

我喜欢的格言:人所具有的我都具有——包括弱点。
我爱躺在夜晚的草地上仰望星宿,但我自己不愿做星宿。

有时候,我们需要站到云雾上来俯视一下自己和自己周围的人们,这样,我们对己对人都不会太苛求了。

人渴望完美而不可得,这种痛苦如何才能解除?我答道:这种痛苦本身就包含在完美之中，把它解除了反而不完美了。

我心中想：这么一想，痛苦也就解除了。接着又想：完美也失去了。

一个人对于人性有了足够的理解，他看人包括看自己的眼光就会变得既深刻又宽容，在这样的眼光下，一切隐私都可以还原成普遍的人性现象，一切个人经历都可以转化成心灵的财富。

人这脆弱的芦苇是需要把另一支芦苇想象成自己的根的。

在人身上，弱点与尊严并非不相容的，也许尊严更多地体现在对必不可免的弱点的承受上。

我对人类的弱点怀有如此温柔的同情，远远超过对优点的钦佩，那些有着明显弱点的人更使我感到亲切。

凡真实的人性都不是罪恶，若看成罪恶，必是用了社会偏见的眼光。

没有一种人性的弱点是我所不能原谅的，但有的是出于同情，有的是出于鄙夷。

蒙田教会我坦然面对人性的平凡，尼采教会我坦然面对人性的复杂。

把自己的弱点变成根据地。

幽默是心灵的微笑

幽默是凡人而暂时具备了神的眼光,这眼光有解放心灵的作用,使人得以看清世间一切事情的相对性质,从而显示了一切执着态度的可笑。

有两类幽默最值得一提。一是面对各种偶像尤其是道德偶像的幽默,它使偶像的庄严在哄笑中化作笑料。然而,比它更伟大的是面对命运的幽默,这时人不再是与地上的假神开玩笑,而是直接与天神开玩笑。一个在最悲惨的厄运和苦难中仍不失幽默感的人的确是更有神性的,他借此而站到了自己的命运之上,并以此方式与命运达成了和解。

幽默是心灵的微笑。最深刻的幽默是一颗受了致命伤的心灵发出的微笑。

受伤后衰竭、麻木、怨恨,这样的心灵与幽默无缘。幽默是受伤的心灵发出的健康、机智、宽容的微笑。

幽默是一种轻松的深刻。面对严肃的肤浅,深刻露出了玩世不恭的微笑。

幽默是智慧的表情，它教不会，学不了。有一本杂志声称它能教人幽默，从而轻松地生活。我不曾见过比这更缺乏幽默感的事情。

幽默是对生活的一种哲学式态度，它要求与生活保持一个距离，暂时以局外人的眼光来发现和揶揄生活中的缺陷。毋宁说，人这时成了一个神，他通过对人生缺陷的戏侮而暂时摆脱了这缺陷。

也许正由于此，女人不善幽默，因为女人是与生活打成一片的，不易拉开幽默所必需的距离。

有超脱才有幽默。在批评一个无能的政府时，聪明的政客至多能讽刺，老百姓却很善于幽默，因为前者觊觎着权力，后者则完全置身在权力斗争之外。

幽默源自人生智慧，但有人生智慧的人不一定是善于幽默的人，其原因大概在于，幽默同时还是一种才能。然而，倘若不能欣赏幽默，则不仅是缺乏才能的问题了，肯定也暴露了人生智慧方面的缺陷。

自嘲就是居高临下地看待自己的弱点，从而加以宽容。自嘲把自嘲者和他的弱点分离开来了，这时他仿佛站到了神的地位上，俯视那个有弱点的凡胎肉身，用笑声表达自己凌驾其上的优越感。

但是，自嘲者同时又明白并且承认，他终究不是神，那弱点确实是他自己的弱点。

所以，自嘲混合了优越感和无奈感。

通过自嘲，人把自己的弱点变成了特权。对于这特权，旁人不但不反感，而且乐于承认。

傻瓜从不自嘲。聪明人嘲笑自己的失误。天才不仅嘲笑自己的失误，而且嘲笑自己的成功。看不出人间一切成功的可笑的人，终究还是站得不够高。

幽默和嘲讽都包含某种优越感，但其间有品位高下之分。嘲讽者感到优越，是因为他在别人身上发现了一种他相信自己绝不会有的弱点，于是发出幸灾乐祸的冷笑。幽默者感到优越，则是因为他看出了一种他自己也不能幸免的人性的普遍弱点，于是发出宽容的微笑。

幽默的前提是一种超脱的态度，能够俯视人间的一切是非包括自己的弱点。嘲讽却是较着劲的，很在乎自己的对和别人的错。

讽刺与幽默不同。讽刺是社会性的，幽默是哲学性的。讽刺入世，与被讽刺对象站在同一水准上，挥戈相向，以击伤对手为乐。幽默却源于精神上的巨大优势，居高临下，无意伤人，仅以内在的优越感自娱。讽刺针对具体的人和事，幽默则是对人性本身必不可免的弱点发出宽容的也是悲哀的微笑。

在这个世界上，人倘若没有在苦难中看到好玩、在正经中看到可笑的本领，怎么能保持生活的勇气！

幸福是相对的

幸福的和不幸的人呵，仔细想想，这世界上有谁是真正幸福的，又有谁是绝对不幸的？！

幸福是有限的，因为上帝的赐予本来就有限。痛苦是有限的，因为人自己承受痛苦的能力有限。

幸福属于天国，快乐才属于人间。

幸福是一个抽象概念，从来不是一个事实。相反，痛苦和不幸却常常具有事实的坚硬性。

幸福是一种一开始人人都自以为能够得到、最后没有一个人敢说已经拥有的东西。

幸福和上帝差不多，只存在于相信它的人心中。

幸福喜欢捉迷藏。我们年轻时，它躲藏在未来，引诱我们前去寻找它。曾几何时，我们发现自己已经把它错过，于是回过头来，又在记忆中寻找它。

幸福的反面是灾祸，而非痛苦。痛苦中可以交织着幸福，但灾祸绝无幸福可言。另一方面，痛苦的解除未必就是幸福，也可能是无聊。可是，当我们从一个灾祸中脱身出来的时候，我们差不多是幸福的了。

幸福是一种苟且，不愿苟且者不可能幸福。我们只能接受生存的荒谬，我们的自由仅在于以何种方式接受。我们不哀哭，我们自得其乐地怠慢它，居高临下地嘲笑它，我们的接受已经包含着反抗了。

聪明人嘲笑幸福是一个梦，傻瓜到梦中去找幸福，两者都不承认现实中有幸福。看来，一个人要获得实在的幸福，就必须既不太聪明，也不太傻。人们把这种介于聪明和傻之间的状态叫作生活的智慧。

我要躲开两种人：浅薄的哲学家和深刻的女人。前者大谈幸福，后者大谈痛苦，都叫我受不了。

一切灾祸都有一个微小的起因，一切幸福都有一个平庸的结尾。

自己未曾找到伟大的幸福的人，无权要求别人拒绝平凡的幸福。自己已经找到伟大的幸福的人，无意要求别人拒绝平凡的幸福。

俗人有卑微的幸福，天才有高贵的痛苦，上帝的分配很公平。对此愤愤不平的人，尽管自命天才，却比俗人还不如。

我爱人世的不幸胜过爱天堂的幸福。我爱我的不幸胜过爱他人的幸福。

苦与乐的辩证法

苦与乐不但有量的区别，而且有质的区别。在每一个人的生活中，苦与乐的数量取决于他的遭遇，苦与乐的品质取决于他的灵魂。

欢乐与欢乐不同，痛苦与痛苦不同，其间的区别远远超过欢乐与痛苦的不同。

对于沉溺于眼前琐屑享受的人，不足与言真正的欢乐。对于沉溺于眼前琐屑烦恼的人，不足与言真正的痛苦。

痛苦和欢乐是生命力的自我享受。最可悲的是生命力的乏弱，既无欢乐，也无痛苦。

有无爱的欲望，能否感受生的乐趣，归根到底是一个内在生命力的问题。

一种西方的哲学教导我们趋乐避苦。一种东方的宗教教导我们摆脱苦与乐的轮回。可是，真正热爱人生的人把痛苦和快乐一齐接受下来。

一切爱都基于生命的欲望，而欲望不免造成痛苦。所以，许多哲学家主张节欲或禁欲，视宁静、无纷扰的心境为幸福。但另一些哲学家却认为拼命感受生命的欢乐和痛苦才是幸福，对于一个生命力旺盛的人，爱和孤独都是享受。

痛苦使人深刻，但是，如果生活中没有欢乐，深刻就容易走向冷酷。未经欢乐滋润的心灵太硬，它缺乏爱和宽容。

快感和痛感是肉体感觉，快乐和痛苦是心理现象，而幸福和苦难则仅仅属于灵魂。幸福是灵魂的叹息和歌唱，苦难是灵魂的呻吟和抗议，在两者中凸现的是对生命意义的或正或负的强烈体验。

痛苦是生命不可缺少的部分。生命是一条毯子，苦难之线和幸福之线在上面紧密交织，抽出其中一根就会破坏了整条毯子、整个生命。没有痛苦，人只能有卑微的幸福。伟大的幸福正是战胜巨大痛苦所产生的生命的崇高感。

热爱人生的人纵然比别人感受到更多、更强烈的痛苦，同时却也感受到更多、更强烈的生命之欢乐。

精神的强者能够从人生的痛苦中发现人生的快乐。他的精神足够充实,在沙漠中不会沮丧,反而感觉到孤独的乐趣;他的精神足够热烈,在冰窟中不会冻僵,反而感觉到凛冽的快意。这就是尼采所提倡的酒神精神。

和命运结伴而行

就命运是一种神秘的外在力量而言，人不能支配命运，只能支配自己对命运的态度。一个人愈是能够支配自己对于命运的态度，命运对于他的支配力量就愈小。

命运是不可改变的，可改变的只是我们对命运的态度。

塞涅卡说：愿意的人，命运领着走；不愿意的人，命运拖着走。他忽略了第三种情况：和命运结伴而行。

狂妄的人自称命运的主人，谦卑的人甘为命运的奴隶。除此之外还有一种人：他照看命运，但不强求；接受命运，但不卑怯。走运时，他会揶揄自己的好运。倒运时，他又会调侃自己的厄运。他不低估命运的力量，也不高估命运的价值。他只是做命运的朋友罢了。

"愿意的人，命运领着走。不愿意的人，命运拖着走。"太简单一些了吧？活生生的人总是被领着也被拖着，抗争着但终于不得不屈服。

在命运问题上，人有多大自由？三种情况：一、因果关系之网上个人完全不可支配的那个部分，无自由可言，听天命；二、因果关系之网上个人在一定程度上可支配的部分，个人的努力也参与因果关系并使之发生某种改变，有一定自由，尽人力；三、对命运即一切已然和将然的事件的态度，有完全的自由。

昔日的同学走出校门，各奔东西，若干年后重逢，便会发现彼此在做着很不同的事，在名利场上的沉浮也相差悬殊。可是，只要仔细一想，你会进一步发现，各人所走的道路大抵有线索可寻，符合各自的人格类型和性格逻辑，说得上各得其所。

上帝借种种偶然性之手分配人们的命运，除开特殊的天灾人祸之外，它的分配基本上是公平的。

偶然性是上帝的心血来潮，它可能是灵感喷发，也可能只是一个恶作剧，可能是神来之笔，也可能只是一个笔误。因此，在人生中，偶然性便成了一个既诱人又恼人的东西。我们无法预测会有哪一种偶然性落到自己头上，所能做到的仅是——如果得到的是神来之笔，就不要辜负了它；如果得到的是笔误，就精心地修改它，使它看起来像是另一种神来之笔，如同有的画家把偶然落到画布上的污斑修改成整幅画的点睛之笔那样。当然，在实际生活中，修改上帝的笔误绝非一件如此轻松的事情，有的人为此付出了毕生的努力，而这努力本身便展现为辉煌的人生历程。

"祸兮福之所倚,福兮祸之所伏。"老子如是说。

既然祸福如此无常,不可预测,我们就应该与这外在的命运保持一个距离,做到某种程度的不动心,走运时不得意忘形,背运时也不丧魂落魄。也就是说,在宏观上持一种被动、超脱、顺其自然的态度。

既然祸福如此微妙,互相包含,在每一具体场合,我们又非无可作为。我们至少可以做到,在幸运时警惕和防备那潜伏在幸福背后的灾祸,在遭灾时等待和争取那依傍在灾祸身上的转机。也就是说,在微观上持一种主动、认真、事在人为的态度。

在设计一个完美的人生方案时,人们不妨海阔天空地遐想。可是,倘若你是一个智者,你就会知道,最美妙的好运也不该排除苦难,最耀眼的绚烂也要归于平淡。原来,完美是以不完美为材料的,圆满是必须包含缺憾的。最后你发现,上帝为每个人设计的方案无须更改,重要的是能够体悟其中的意蕴。

自怨是最痛苦的。有直接的自怨,因为自知做错了事,违背了自己的心愿或原则,便生自己的气,甚至看不起自己。也有间接的自怨,怨天尤人归根结底也是自怨,怨自己无能或运气不好。不错,你碰上了倒霉事,可是你自己就因此成为一个倒霉蛋了吗?如果你怨气冲天,那你的确是的。但你还可以有另一种态度，就是平静地面对。是否碰上倒霉事，这是你支配不了的，做不做倒霉蛋，这是你可以支配的。一个自爱自尊的人是不会怨天尤人的，没有人能够真正伤害他的自足的心。

人在世上生活，难免会遭遇挫折、失败、灾祸、苦难。这时候，基本的智慧是确立这样一种态度，就是把一切非自己所能改变的遭遇，不论多么悲惨，都当作命运接受下来，在此前提下走出一条最积极的路来。不要去想从前的好日子，那已经不属于你，你现在的使命是在新的规定性下把日子过好。这就好比命运之手搅了你的棋局，而你仍必须把残局走下去，那就好好走吧，把它走出新的条理来。为什么我说是基本的智慧呢？因为你别无选择，陷在负面遭遇中不能自拔是最愚蠢的，而人在这种时候往往容易愚蠢。

无人能完全支配自己在世间的遭遇，其中充满着偶然性，因为偶然性的不同，运气分出好坏。有的人运气特别好，有的人运气特别坏，大多数人则介于其间，不太好也不太坏。谁都不愿意运气特别坏，但是，运气特别好，太容易地得到了想要的一切，是否就一定好？恐怕未必。他们得到的东西是看得见的，但也许因此失去了虽然看不见却更宝贵的东西。天下幸运儿大抵浅薄，便是证明。我所说的幸运儿与成功者是两回事。真正的成功者必定经历过苦难、挫折和逆境，绝不是只靠运气好。

运气好与幸福也是两回事。一个人唯有经历过磨难，对人生有了深刻的体验，灵魂才会变得丰富，而这正是幸福的最重要源泉。如此看来，我们一生中既有运气好的时候，也有运气坏的时候，恰恰是最利于幸福的情形。现实中的幸福，应是幸运与不幸按适当比例的结合。

茫茫人海里，你遇见了这一些人而不是另一些人，这决定了你在人世间的命运。你的爱和恨，喜和悲，顺遂和挫折，这一切都是因为相遇。

但是，请记住，在相遇中，你不是被动的，你始终可以拥有一种态度。相遇组成了你的外部经历，对相遇的态度组成了你的内心经历。

还请记住，除了现实中的相遇之外，还有一种超越时空的相遇，即在阅读和思考中与伟大灵魂的相遇。这种相遇使你得以摆脱尘世命运的束缚，生活在一个更广阔、更崇高的世界里。

从一而终的女人

"先生,我的命真苦,我这一生是完完全全失败了。我羡慕您,如果可能,我真想和您交换人生。"

"老婆总是人家的好。"

"您这是什么意思?"

"听说你和你老婆过得不错。"

"我们不比你们开化,父母之命,媒妁之言,好歹得过一辈子,不兴离婚的。我不跟她好好过咋办?"

"人生就是一个从一而终的女人,你不妨尽自己的力量打扮她,引导她,但是,不管她终于成个什么样子,你好歹得爱她!"

幸福的西绪弗斯

西绪弗斯被罚推巨石上山,每次快到山顶,巨石就滚回山脚,他不得不重新开始这徒劳的苦役。听说他悲观沮丧到了极点。

可是,有一天,我遇见正在下山的西绪弗斯,却发现他吹着口哨,迈着轻盈的步伐,一脸无忧无虑的神情。我生平最怕见到大不幸的人,譬如说身患绝症的人,或刚死了亲人的人,因为对他们的不幸,我既不能有所表示,怕犯忌,又不能无所表示,怕显得我没心没肺。所以,看见西绪弗斯迎面走来,尽管不是传说的那副凄苦模样,深知他的不幸身世的我仍感到局促不安。

没想到西绪弗斯先开口了,他举起手,对我喊道:

"喂,你瞧,我逮了一只多漂亮的蝴蝶!"

我望着他渐渐远逝的背影,不禁思忖:总有些事情是宙斯的神威鞭长莫及的,那是一些太细小的事情,在那里便有了西绪弗斯(和我们整个人类)的幸福。

图书在版编目（CIP）数据

智慧引领幸福 / 周国平著. -- 武汉：长江文艺出版社，2023.5
ISBN 978-7-5702-2863-8

Ⅰ. ①智… Ⅱ. ①周… Ⅲ. ①人生哲学－通俗读物 Ⅳ. ①B821-49

中国版本图书馆 CIP 数据核字(2022)第 165866 号

智慧引领幸福
ZHIHUI YINLING XINGFU

| 责任编辑：李　艳　付玉佩 | 责任校对：毛季慧 |
| 装帧设计：徐慧芳 | 责任印制：邱　莉　胡丽平 |

出版：长江出版传媒　长江文艺出版社
地址：武汉市雄楚大街 268 号　　邮编：430070
发行：长江文艺出版社
http://www.cjlap.com
印刷：湖北新华印务有限公司

开本：880 毫米×1230 毫米	1/32	印张：11.875	插页：10 页
版次：2023 年 5 月第 1 版		2023 年 5 月第 1 次印刷	
字数：247 千字			

定价：49.80 元

版权所有，盗版必究（举报电话：027—87679308　87679310）
（图书出现印装问题，本社负责调换）